基于时分多址无线网络的
时隙分配技术

李 媛 著

科学出版社

北 京

内 容 简 介

无线网络是一种不需要固定基础设施支持的、由若干移动节点组成的网络，例如无线自组网、无线传感器网络等。基于时分多址无线网络中时隙的分配是用来计算路径带宽的重要方式，本书介绍时分多址信道模型、分散链路状态的服务质量路由协议中的时隙分配方法、稳定的服务质量路由协议中的时隙分配方法、功率控制的服务质量路由协议中的时隙分配方法、定向天线多播服务质量路由协议中的时隙分配方法，以及延迟感知的时隙分配方法，这些不同的时隙分配方法适用于不同的、复杂的无线网络情况。

本书可供计算机、通信专业的本科生、研究生，以及对无线网络感兴趣的人群参考、阅读。

图书在版编目（CIP）数据

基于时分多址无线网络的时隙分配技术 / 李媛著. —北京：科学出版社，2019.11

ISBN 978-7-03-062446-8

Ⅰ. ①基… Ⅱ. ①李… Ⅲ. ①时分多址移动通信－动态信道分配－研究 Ⅳ. ①TN914

中国版本图书馆 CIP 数据核字（2019）第 215316 号

责任编辑：杜 权 / 责任校对：高 嵘
责任印制：徐晓晨 / 封面设计：苏 波

科 学 出 版 社 出版
北京东黄城根北街 16 号
邮政编码：100717
http://www.sciencep.com

北京凌奇印刷有限责任公司 印刷
科学出版社发行 各地新华书店经销

*

开本：787×1092 1/16
2019 年 11 月第 一 版 印张：9 1/2
2021 年 3 月第三次印刷 字数：220 000

定价：88.00 元
（如有印装质量问题，我社负责调换）

前　言

随着无线通信技术的高速发展，无线网络已成为国内外的研究热点，并获得越来越广泛的应用。无线网络是一种不需要固定基础设施支持、由若干移动节点组成的网络，例如无线自组网、无线传感器网络等。无线网络对支持实时传输和多媒体应用的需求越来越广泛。实时数据传输及多媒体应用对于带宽、延迟、抖动、丢包率等服务质量（QoS）有着非常严格的要求。

在动态的、移动的无线网络中，数据分组稳定、可靠地从源节点传递到目的节点并不是一件容易的事情，进行满足 QoS 要求的路由选择是非常困难的。因此，保证满足 QoS 的实时传输是无线网络研究中一个非常重要的研究领域。网络提供特定 QoS 的需求能力决定了如何分配网络中的有效资源。

近年来，国内外学者针对无线网络领域中 QoS 路由的问题进行了大量研究，但该领域仍然存在许多尚未解决的问题，特别是无线网络中资源分配方面的研究尚处于初期阶段。本书在总结前人研究工作的基础上，对无线网络中 QoS 路由过程中进行资源分配面临的问题和挑战进行探讨，针对节点使用定向天线的单播情况，提出新的、更符合实际应用的、能提供服务质量支持的路由协议及资源分配算法，并对其进行仿真模拟研究。

本书共 10 章，每章的内容如下。

第 1 章论述无线网络的基本概念、无线自组网的发展历史及无线自组网的应用领域、存在的问题和关键技术。

第 2 章叙述无线网络路由需要 QoS 支持的原因、QoS 支持的相关研究、QoS 路由协议相关研究。本章对无线网络中的路由协议进行系统而深入的分析，对一些典型的单播路由协议分类进行比较。从无线网络中需要提供 QoS 保证出发，对当前无线网络中关于 QoS 支持的研究进行全面地概述。介绍无线自组网中 QoS 的相关概念，着重讨论无线网络中的 QoS 路由协议，对现有的 QoS 路由协议进行分类。阐述基于时分多址（TDMA）无线自组网的图论，讨论在基于 TDMA 网络环境中设计 QoS 路由协议应该考虑的约束问题，介绍分时无线自组网中一种基于带宽的按需式服务质量路由协议，该协议中的单路径时隙分配方法是本书提出的时隙分配技术的基础。

第 3 章描述无线网络中基于 TDMA 信道模型的资源分配技术。介绍影响无线网络性能的隐藏终端问题和暴露终端问题，并通过模拟实验分析隐藏终端问题对无线网络通信造成的负面影响。介绍 TDMA 信道模型，对 TDMA 模型已有时隙分配方法进行扩展和改进，提出既能避免隐藏终端又能充分利用暴露终端的新的时隙分配方法，使网络资源能够得到充分利用。

第 4 章提出基于 TDMA 无线网络分散链路状态的 QoS 路由协议的时隙分配方法，能够动态地收集从源节点到目的节点的分散链路状态信息，找出中间节点不相交的多条路径，这些路径能提供整合的带宽来满足应用的 QoS 要求。分散链路状态时隙分配的多路径 QoS 路由选择方法有较高的调用成功率，并能够有效地降低消耗的网络资源费用。

第 5 章描述基于 TDMA 无线网络稳定的服务 QoS 协议的时隙分配方法，通过把 QoS 路由问题和搜索稳定的路径问题联系起来，使找到的路径能够满足应用所需的 QoS 要求，该路径具有比较稳定的性能。模拟结果显示在节点高速移动的网络环境中，在不完全连接率和调用成功率等方面具有较好的性能。

第 6 章描述基于 TDMA 无线网络避免冲突的 QoS 路由协议的时隙分配方法，通过在路由过程中维持沿路各节点的时隙状态信息，及时广播时隙状态的变化信息给邻居节点，以及分配完全空闲的时隙等方法，尽可能避免不同 QoS 路径上公共中间节点或者相邻节点由于相同时隙的多次预留造成的冲突问题。在通信负载较重或者节点高速移动的无线网络环境中，协议仍然保持较高的分组传输率，使网络中有限的带宽资源能够得到更好的利用。

第 7 章提出基于 TDMA 的功率控制的 QoS 路由协议的时隙分配方法，不仅能够为会话提供满足 QoS 要求的带宽保证，而且能够通过功率控制来满足信号干扰率要求。具有功率控制时隙分配的 QoS 路由能够提高 QoS 会话请求的调用成功率，特别在 QoS 要求比较高或者通信负载比较重的情况下，调用成功率明显得到改善，无线网络中有限的带宽资源能得到更有效的利用。

第 8 章提出基于 TDMA 最大带宽预留优先的 QoS 路由协议中的时隙分配。由目的节点基于最大带宽预留优先的时隙分配算法来预留路径带宽，因为目的节点可以根据达到的路由请求包找到所有节点的空闲时隙列表，所以能够找到最大带宽的路径并进行最大带宽预留的时隙分配。

第 9 章提出基于时分多址定向天线多播服务质量路由协议中的时隙分配。QoS 多播路由协议引入定向天线技术。使用定向天线能够提高空间的重用性，降低路径之间的干扰，在包传输率、调用成功率和网络负载上有比较好的性能。

第 10 章提出基于 TDMA 无线网络中延迟感知的时隙分配方法。根据节点分配的时隙来计算一跳传输延迟，尽可能地选择每跳传输延迟最小的时隙给路径，同时利用空间重用性来分配时隙。模拟实验结果显示该算法在平衡满足端到端延迟和利用空间重用性之间做得比较好，在路径较长的数据流中端到端延迟和调用成功率等性能较好。

本书的出版得到了国家自然科学基金项目（项目号：61572012）、湖北省教育厅科学研究计划项目（项目号：D20192203）、湖北省自然科学基金计划项目（项目号：218CFB661）及湖北经济学院信息与通信工程学院的资助。在本书的撰写和出版过程中还得到科学出版社编辑们的支持和帮助，在此一并表示衷心的感谢。

本书是作者近几年研究的成果总结，难免存在疏漏或缺陷，欢迎专家和读者给予指正。本人的电子邮箱地址是 liyuanlx@126.com。

李 媛

2019 年 5 月 15 日于武汉

目 录

第1章 绪论 ··· 1
  1.1 无线网络的概述 ··· 1
    1.1.1 无线自组网的发展历史 ·· 1
    1.1.2 国内外研究现状 ··· 3
    1.1.3 无线网络的应用领域 ··· 5
  1.2 无线网络存在的主要问题与关键技术 ···································· 6
    1.2.1 无线网络存在的主要问题 ·· 6
    1.2.2 无线网络的关键技术 ··· 9

第2章 无线网络服务质量路由协议 ·· 12
  2.1 无线网络路由协议需要服务质量支持 ··································· 12
    2.1.1 无线网络的路由协议研究意义 ····································· 13
    2.1.2 无线网络路由协议的度量参数 ····································· 13
    2.1.3 无线网络路由协议的分类 ·· 15
    2.1.4 无线网络路由协议的分类 ·· 17
    2.1.5 无线网络路由协议需要服务质量支持的原因 ················· 18
    2.1.6 无线信道提供服务质量支持存在的问题 ························ 19
    2.1.7 MAC 层提供的服务质量支持 ······································· 19
  2.2 无线网络服务质量支持 ··· 20
    2.2.1 服务质量的基本概念 ·· 20
    2.2.2 无线网络中的服务质量模型 ··· 20
    2.2.3 服务质量信令 ··· 21
  2.3 无线网络服务质量路由协议的概述与分类 ···························· 21
    2.3.1 服务质量路由协议概述 ··· 21
    2.3.2 服务质量路由协议的分类 ·· 22
  2.4 基于时分多址无线网络的服务质量路由协议 ························· 24
    2.4.1 图论基础 ·· 24
    2.4.2 时分多址无线自组网中数据传输的约束 ························ 25
    2.4.3 时分无线网络的服务质量路由协议 ······························· 26

第3章 无线网络基于时分多址的信道通信模型 ·························· 30
  3.1 隐藏终端和暴露终端 ·· 30
    3.1.1 隐藏终端 ·· 31
    3.1.2 暴露终端 ·· 32

3.1.2　解决隐藏终端和暴露终端问题的方法 ……………………………… 32
　3.2　基于时分多址信道模型的带宽分配 ………………………………………… 40
　　3.2.1　采用时分多址 MAC 协议研究服务质量支持的原因 ……………… 40
　　3.2.2　时分多址信道模型 …………………………………………………… 42
　　3.2.3　时分多址信道模型的时隙分配 ……………………………………… 43

第 4 章　时分多址覆盖码分多址分散链路状态服务质量路由的时隙分配 …… 47
　4.1　分散链路状态的时隙分配方法 ……………………………………………… 47
　4.2　分散链路状态时隙分配的多路服务质量路由协议 ………………………… 49
　　4.2.1　服务质量路由发现 …………………………………………………… 50
　　4.2.2　服务质量路径选择 …………………………………………………… 50
　　4.2.3　服务质量路由应答 …………………………………………………… 51
　　4.3.4　模拟实验与分析 ……………………………………………………… 52

第 5 章　时分多址覆盖码分多址稳定的服务质量路由的时隙分配 …………… 55
　5.1　路径带宽的计算 ……………………………………………………………… 56
　5.2　路径到期时间的计算 ………………………………………………………… 57
　5.3　稳定的时隙分配的服务质量路由协议 ……………………………………… 58
　　5.3.1　路径发现 ……………………………………………………………… 59
　　5.3.2　路径选择 ……………………………………………………………… 62
　　5.3.3　时隙分配预留 ………………………………………………………… 63
　　5.3.4　模拟实验和性能分析 ………………………………………………… 66

第 6 章　基于时分多址避免冲突的服务质量路由协议的时隙分配 …………… 73
　6.1　时隙预留的冲突 ……………………………………………………………… 73
　6.2　避免冲突的时隙分配的服务质量路由协议 ………………………………… 78
　　6.2.1　时隙分配条件的修改 ………………………………………………… 79
　　6.2.2　节点时隙状态的转变 ………………………………………………… 79
　　6.2.3　避免冲突的时隙分配单路及多路服务质量路由协议 ……………… 81
　6.3　模拟实验 ……………………………………………………………………… 90
　　6.3.1　模拟实验环境的建立 ………………………………………………… 90
　　6.3.2　模拟实验结果和分析 ………………………………………………… 92

第 7 章　基于时分多址功率控制的服务质量路由协议中的时隙分配 ………… 95
　7.1　时分多址模型中功率控制的基本思想 ……………………………………… 96
　　7.1.1　系统模型和帧结构 …………………………………………………… 96
　　7.1.2　服务质量信号干扰率要求 …………………………………………… 96
　　7.1.3　功率控制 ……………………………………………………………… 97
　　7.1.4　功率控制的服务质量路由模式的基本思想 ………………………… 98
　7.2　功率控制的时隙分配的服务质量路由协议 ………………………………… 98
　　7.2.1　定义和假设 …………………………………………………………… 98
　　7.2.2　功率控制时隙分配的服务质量路由发现阶段 ……………………… 100

7.2.3　服务质量路由应答阶段 …………………………………………………… 103
　　　7.2.4　模拟实验和分析 ………………………………………………………… 104
第 8 章　基于时分多址最大带宽预留优先服务质量路由协议的时隙分配 ………… 111
　8.1　最大带宽预留优先的服务质量路由协议 ………………………………………… 113
　　　8.1.1　定义和假设 ……………………………………………………………… 113
　　　8.1.2　最大带宽预留优先服务质量的路径发现 ……………………………… 114
　　　8.1.3　最大带宽预留优先的时隙分配算法 …………………………………… 114
　8.2　模拟实验与分析 …………………………………………………………………… 116
　　　8.3.1　模拟实验环境的建立 …………………………………………………… 116
　　　8.3.2　模拟实验结果和分析 …………………………………………………… 116
第 9 章　基于时分多址定向天线多播服务质量路由协议的时隙分配 ……………… 118
　9.1　基于定向天线的时隙分配方法 …………………………………………………… 118
　9.2　基于定向天线时隙分配的服务质量路由协议 …………………………………… 119
　　　9.2.1　定义和假设 ……………………………………………………………… 119
　　　9.2.2　定向天线时隙分配的多播服务质量路由协议 ………………………… 121
　9.3　模拟实验与分析比较 ……………………………………………………………… 123
第 10 章　基于时分多址无线网络延迟带宽保证的时隙分配方法 …………………… 126
　10.1　延迟感知的时隙分配算法 ………………………………………………………… 128
　10.2　模拟实验和性能分析 ……………………………………………………………… 131
参考文献 ……………………………………………………………………………………… 135

第 1 章 绪 论

1.1 无线网络的概述

21 世纪以来,通信和网络技术的发展日新月异,其迅猛发展加速了信息交流,极大地促进了人类社会的全球化,深刻改变了社会政治、经济与生活面貌。同时,全球化的发展又进一步加速了通信与网络技术的发展,人们追求在任何时间、任何地点与任何人进行任何种类的信息交换。无线通信网络已成为全球通信网络的主要组成部分。

近年来,无线通信网络的发展非常迅速,而连接世界各地、可共享可用信息资源的互联网(Internet)的崛起更是极大地加速了无线通信的发展。无线通信网络能快速、灵活、方便地支持用户的移动性,使它成为个人通信和 Internet 的发展方向。目前几乎所有的通信系统都与无线通信方式有关,比如蜂窝系统、无绳系统、卫星通信系统、无线局域网/广域网系统等,而对无线和移动通信的相关研究成为通信系统中的最主要的部分。

传统意义上对无线通信网络的研究仅限于一跳无线网络,比如蜂窝网络(cellar networks),属于有基础设施的移动无线网络。移动用户(或节点)在非常有限的区域里移动,借助于固定的基站和有线骨干网络系统与其他用户通信。

随着无线通信网络技术的发展,没有固定基础设施支撑的无线自组网(wireless Ad Hoc networks)逐渐成为研究热点。无线自组网是由若干移动主机通过无线连接形成的自主系统。不同于以往的蜂窝网等无线网络,无线自组网没有基站等中心转发装置,也不需要任何骨干网络的支持。各移动主机本身充当路由器,具有路由和转发信息等功能。移动主机也可以是一个通信的端节点,源节点和目标节点之间有时需要多个主机从中进行转发。

1.1.1 无线自组网的发展历史

"wireless Ad Hoc networks"中的"Ad Hoc"一词来源于拉丁语,意思是"专用的、

自主的、特定的"。无线自组网组网快速、灵活，使用方便，目前已经得到了国际学术界和工业界的广泛关注，并正在得到越来越广泛的应用，已经成为移动通信技术发展的一个重要方向，并将在未来的无线通信技术中占据重要的地位。

无线自组网技术的起源可以追溯到军事通信上。最早的分布式无线网络是美国夏威夷大学于1971年研究成功的ALOHA（世界上最早的无线电计算机通信网）[1]。1973年，美国国防部高级研究计划局开始了把ALOHA技术移植到军事战术环境的研究工作，开发了"战场环境中的无线分组数据网"项目[2]。美国国防部高级研究计划局当时所提出的这种网络是一种服务于军方的无线分组网络，实现基于该种网络的数据通信。美国陆军战场信息分发系统（battlefield information distribution，BID）采用分层分布式控制、自适应最小时延算法、自适应时隙分配和竞争相结合的方式，通过网络初始化和周期性重组来适应网络的变化[3]。

美国海军研究实验室于20世纪80年代末研究并完成的短波自组织网络HF-ITF系统[4]，是一种采用跳频方式组网的低速分组无线网。它采用分层分布式控制结构，使用自适应时分多址/码分多址（time division multiple access/code division multiple access，TDMA/CDMA）和随机接入信道方式。1993年，美国海军研究实验室主持了一项名为综合数据/话音的研究计划[5-6]，研究了在多跳、低速战术通信网络中进行数据/话音综合业务传输的问题。该协议在网络层支持数据报文和虚电路业务，并应用了传输控制协议/网络协议（transmission control protocol/internet protocol，TCP/IP）和资源预约协议（resource reservation protocol，RSVP）传输综合的Internet业务，解决了在低速分组无线网中实现数据/话音综合业务的传输问题。

1996年，美国国防部高级研究计划局启动了全球移动信息系统（global mobile information system，Glomo）工程[7]，它综合了美国国防部高级研究计划局以前的几项相关计划，研究范围几乎覆盖了无线通信的所有相关领域。Glomo的目标是用手持设备为军事、办公环境提供任何时间、任何地点的应用需求，具有高抗毁性的移动通信技术。1998年，美国国防部提出MIL-STD-188-220B标准[8]，主要目标是实现数字消息转移设备子系统之间与应用系统之间的互联和互操作性。美军研究的SINCGARS SIP IP网络就是按照MIL-STD-188-220B的标准设计的分组无线网[9]。

美国国防部高级研究计划局、美国朗讯通信公司、贝尔实验室，以及许多大学和研究所都开展了对无线自组网的研究和试验，目前已经提出了很多的路由方案建议，并且取得了一定的研究成果，依据这些路由方案构建的试验网络已经开始运行。

此外，英国、澳大利亚、挪威和法国也都积极研究适合军事应用的分组无线网[10]。如英国的战斗网络无线电（combat net radio，CNR）和澳大利亚国防部1993年研制的短波战术无线网TPRN，可以支持话音、图像、传真、联机数据和文件传输等综合业务传输；挪威陆军于1990年研制的TADKCOM战术通信系统和法国的第四代战术电台（PR4G）也综合了分组无线电功能。分布式无线网络也广泛应用于民用领域，典型的系统有加拿大最早研究的业余分组无线网（amateur packet radio，TAPR）[11]、图书馆自动化分组无线电网络[12]。

近年来，出现了采用蜂窝式网络结构的一跳无线网络，比如传输话音业务的蜂窝系统、无线接入点协议（access point protocal，ATP）及支持Internet业务的移动IP，它们直接依附于大型而又复杂的基站设备和大容量有线骨干网，所以只能支持它们覆盖区域内移动节点的通信。而蜂窝数字式分组数据交换网络（cellular digital packet data，CDPD）[13]和通用分组无线服务技术（general packet radio service，GPRS）[14]等系统利用现有的蜂窝系统，可为用户提供分组话音、数据、Internet接入等业务。为了支持移动用户之间直接进行通信或经过移动用户的中转而实现相互间的通信，无线局域网应运而生了。

美国电气和电子工程师协会（Institute of Electrical and Electronics Engineers，IEEE）802.11标准的提出进一步推动了无线局域网的发展。蓝牙技术也为无线自组网提供了一些技术准备。随着Internet的高速蓬勃的发展，为了支持广泛的Internet业务，而又要在苛刻的高速动态的条件下建立和维持有效的通信，快速安全地传送大量多媒体信息（话音、数据、图像和视频），无线自组网应运而生。

1.1.2 国内外研究现状

目前，国际上在移动Ad Hoc网络方面较为活跃的主要研究机构如下所示。

（1）互联网工程任务组（The Internet Engineering Task Force，IETF）在1997年成立了专门的移动无线自组网（Mobile Ad Hoc Network，MANET）工作小组[15]，负责移动Ad Hoc网络的相关协议的标准化工作。该工作组专门负责研究和开发具有数百个节点的移动Ad Hoc网络的路由算法，并制定相应的标准，目前已经制定了十几个Internet草案标准。

（2）加州大学洛杉矶分校无线自适应移动实验室主要研究Ad Hoc网络路由协议、多播协议、多跳网络QoS、媒体接入控制（media access control，MAC）协议、功率控制等[16]。

（3）康纳尔大学的无线网络实验室的研究方向包括 Ad Hoc 网络重构、MAC 协议、路由协议和网络安全等[17]。

（4）伊利诺伊大学 Urbana-Champaign 分校的 Ad Hoc 网络研究小组主要研究 Ad Hoc 网络的定向 MAC、定向路由协议、网络调度等[18]。

（5）马里兰大学的移动计算与多媒体实验室的研究方向包括 Ad Hoc 网络路由协议、QoS 等[19]。

（6）加州大学圣巴巴拉分校的移动管理和联网实验室主要研究 Ad Hoc 网络路由协议、多播协议、地址重构、安全性、QoS、可伸缩性和适应性等[20]。

（7）加州大学圣克鲁兹分校的计算机通信研究小组的研究方向为无线网络的信道接入等[21]。

（8）瑞士联邦工学院和瑞士电信合作的项目 Terminnodes，研究和实现大规模自组织移动 Ad Hoc 网络。

（9）澳大利亚国家信息通信技术研究中心由联邦政府的通信信息技术与文理司和澳大利亚研究委员会组建，主要研究可信无线网络和从数据到知识两方面的内容[22]。其他比较活跃的机构还包括美国陆军、海军和一些企业的研究机构。

近年来，随着国内各高校与研究机构与国际上的交流日益频繁，国内对无线自组网的关注程度也日益提高。如龙星计划课程"Ad Hoc 与传感器网络"于 2005 年 5 月在华中科技大学开课，第一届移动无线自组网和传感器网络国际会议于 2005 年 12 月在武汉召开，第一届无线传感器网络国际研讨会于 2006 年 1 月在哈尔滨召开。

此外，北京大学网络实验室、清华大学深圳研究生院现代通信实验室、北京邮电大学通信网络综合实验室、中国科学院计算技术研究所、中国科技大学计算机科学与技术学院、西南交通大学移动通信重点实验室、西安电子科技大学无线通信实验室、武汉大学计算机学院网络与通信实验室、山东省计算机网络重点实验室等教学与科研机构都在积极开展无线自组网方面及其相关方面的研究。

从 Ad Hoc 技术开始民用以来，也有一些 Ad Hoc 网络的产品面市。基于无线自组网技术的移动终端及网络设备已经成为一些大通信公司研发的重点。到目前为止，诺基亚（Nokia）公司已经发布了无线移动路由器，并提供了高速无线接入系统的解决方案；日本电气股份有限公司也提供了基于 PHS 系统的移动计算网络系统；美国一家专门致力于 Ad Hoc 技术产品研发的多跳网络（mesh networks）公司已经推出了整个通信系统的解决方案及各种网络设备和移动终端，其宗旨就是研发应用于下一代移动通信末端的系统解决方案。

1.1.3 无线网络的应用领域

无线自组网主要应用在抢险、抗灾、救援、探险、军事行动、应急任务和临时重大活动等需要快速建立、移动灵活的通信系统的场合，无论是在军事还是在民用上都有显著的意义。为了实现无缝连接的通信要求，无线自组网将是未来通信中关键而又现实的延伸，它可以灵活地扩展到任意的地域。具体来说，目前无线自组网主要应用在下列领域。

1. 军事通信

军事通信是无线自组网技术的主要应用领域。其特有的无需架设网络设施、可快速展开、抗毁性强等特点，使它成为数字化战场通信的首选技术，并已经成为战术互联网的核心技术。在军事通信领域，移动 Ad Hoc 网络技术可用来构建战术互联网，或用于已有军用网络以提高网络的生存性和可靠性。

2. 自然灾害应急处理和突发场合

在发生了地震、洪水或遭受其他灾害后，固定的通信网络设施很可能无法正常工作。而无线自组网能够在这些恶劣和特殊的环境下提供通信支持，对抢险和救灾工作具有重要意义。此外，当警察或消防队员执行紧急任务，而常规通信网络又无法保障时，可以通过无线自组网来保障通信指挥的顺利进行。

3. 临时场合

无线自组网快速、简单的组网能力使得它适用于各种临时场合的通信。例如，在室外临时环境中，工作团体的所有成员可以通过 Ad Hoc 方式组成一个临时网络来协同完成一项大的任务。

4. 个人通信

无线自组网技术可以用于个人区域网络（personal area network，PAN）来实现掌上电脑（personal digital assistant，PDA）、手机等个人通信设备之间的通信，并可以构建虚拟教室和讨论组等崭新的移动点时点（mobile point-to-point，MPP）应用。在这种情况下，无线自组网的多跳通信特点将再次展现它的独特优势。

5. 无线传感器网络

无线传感器网络（wireless sensor networks）是无线自组网技术应用的另一领域。传感器的发射功率很小，大量地理分散的传感器通过无线自组网技术组成网络，可以实现传感器之间及控制中心之间的通信。在无线传感器网络中，节点不仅能够通过协作转发来实现通信，还可以监测本地环境的变化，收集和处理相关的传感信息。这种网络具有非常广阔的应用前景。

6. 商业应用

无线自组网技术可以用来组建家庭无线网络、无线数据网络、移动医疗监护系统和无线设备网络，开展移动和可携带计算等。如商场内商品射频（radio frequency，RF）标签，可以简单地通过无线接口由 Ad Hoc 设备动态刷新。顾客若携带手持无线设备可以很容易地找到某种商品和价格。

7. 其他应用

无线自组网具有很多优良特性，它的应用领域还有很多。例如它可以用来扩展现有蜂窝移动通信的通信模式和覆盖范围，实现地铁和隧道等场合的无线覆盖，实现汽车和飞机等交通工具之间的通信，还可用于辅助教学和构建未来的移动无线城域网和自组织广域网等。

综上所述，军事应用目前仍是无线自组网的主要应用领域。由于无线自组网不是一种广域的解决方案，这注定了它不可能成为占主导地位的通信方式。但无线自组网的特点和独特的优势是其他无线通信系统所不具备的，因此在那些临时、紧急、无基础设施的、要求低发射功率但高覆盖的场合，无线自组网还是有它的广阔天地的。

1.2 无线网络存在的主要问题与关键技术

1.2.1 无线网络存在的主要问题

与传统有线网络及其他常规移动通信网络相比，无线自组网的工作环境有很多不同之处，因此所选用的技术也有很大的差异，主要体现在网络的物理层、链路层和网络层，其中网络层的差异最大。

在图 1.1 所示的无线自组网的 5 层参考模型中,物理层的首要问题是无线频段的选择、购买及分配,其次是必须就各种无线通信机制做出选择,从而完成性能优良的收发信功能。链路层又分为 MAC 层和逻辑链路控制(logical link control,LLC)层,主要解决媒体接入控制,数据的传送、同步、纠错及流量控制等。以路由协议为核心的网络层设计事实上是无线自组网的主要研究内容之一。传输层是借鉴有线网的方法,对传输控制协议(transmission control protocol,TCP)/用户数据报协议(user data protocol,UDP)进行基于无线环境的修改,以适应无线环境。应用层指定的是各种类型的业务。

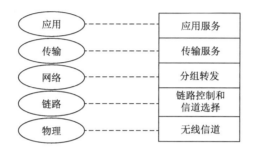

图 1.1 无线自组网的 5 层参考模型

由于无线自组网具有动态、多跳、无中心、自组织等特点,基于这种环境下的各种路由协议和路由算法也都比传统的有线网络要复杂。直到目前,很多问题仍没有圆满的答案,主要表现在以下几个方面。

1. 传输范围

因为每个主机的发射功率有限,甚至发射方向也有限制,所以覆盖范围也有限,加上网络中某些节点的能量耗尽,从源到目的节点往往要通过多个中间节点的中转。只有在节点传输覆盖范围内的节点(称为邻居)才能收到信息。无线自组网的信道共享方式为多跳共享广播信道。由于发送节点和接收节点感知到的信道状况不一定相同,由此可能带来隐藏终端和暴露终端等一系列特殊问题。

2. 无线传输带宽

无线自组网使用无线传输技术作为底层通信手段,与有线信道相比,无线网络中的带宽资源远不及有线网络中的丰富,信道质量差。如何利用有限的网络资源进行多媒体的通信,这对路由协议的设计提出了新的要求,也是对已有路由协议的挑战。这也正是本书要重点解决的问题。

3. 动态变化的网络拓扑结构

由于无线自组网中的主机都是可移动的，当主机移动速度比较快时，网络拓扑结构将发生经常性的变化，甚至网络被阻断，使原来建立起来的路径无法再使用，传输无法继续进行而造成丢包。这就要求在无线自组网中设计的路由协议能够应变这种网络拓扑的动态变化，路由协议能够跟踪和感知到节点移动造成的链路状态变化，以进行动态路由维护。

4. 能量限制

在无线自组网中，目前主要是以电池作为无线主机的能量来源。电池的寿命非常有限，如何最大限度地延长其使用寿命，保证网络最长时间的连通是不容易解决的问题。

节点（主机）的能源耗费来自两方面：与通信相关的功耗和非通信功耗。前者包括处理功耗和发送/接收功耗。处理功耗用于网络计算和运行相关的应用程序，而发送/接收功耗主要是节点间通信的功耗。

5. 安全危机

无线自组网最初主要用于军事领域，但是这种网络的配置快捷方便，构造成本低，因此正逐渐被运用于商业和民用环境。但目前在商用环境中运用无线自组网面临的一个重要问题，就是它容易受到各种安全威胁和攻击，包括被动窃听、伪造身份和拒绝服务等。对安全的要求与其实际的应用要求有关，无线自组网中的安全问题也是一个多层次问题。

无线自组网的安全目标与传统网络的基本一致，包括数据可用性、机密性、完整性、安全认证和抗依赖性。无线链路使无线自组网更容易受到链路层的攻击，缺乏物理保护又使得网络更容易受到已经泄密的内部节点的攻击，拓扑和成员的经常改变使得节点间的信任关系经常变化，对于具有成百上千个节点的无线自组网则需要采用具有扩展性的安全机制。在无线自组网中，安全需要依赖于应用场合、运行环境等因素，传统网络关于安全的解决方案不能直接应用于无线自组网。

6. 新的网络管理内容

无线自组网的自组织性给网络管理提出了新的要求，不仅要对网络设备和用户进行管理，还要有相应的机制解决移动性管理、服务管理、节点定位及地址配置等特殊问题。

1.2.2 无线网络的关键技术

由于无线自组网存在着上述的主要问题,解决这些问题需要考虑以下的关键技术。

1. 路由协议和算法问题

在无线自组网中,由于主机的移动性带来网络拓扑结构的动态变化,传统有线网中的路由协议并不适用。开发针对无线自组网特性的路由协议是建立无线自组网的首要问题,同时也是主要的研究热点和难点。无线自组网的路由协议要能够监测到网络拓扑的动态变化,并能动态更新链路状态以维护网络拓扑的连接。

对于路由协议而言,虽然有大量的研究成果。但这些成果都是基于某种网络拓扑和应用环境,或是基于某个约束条件而设计的。随着无线 Ad Hoc 网络应用的普及,在网络规模、网络拓扑、组网形式等方面都呈现出一定的多样性,能满足这种多样性的路由协议还非常少见。此外,对于实时业务的支持,路由协议要能够提供带服务质量保证的路由选择功能,这牵涉到多约束条件的路由协议,目前仍是一个难点。

2. 服务质量

QoS 是指当源节点向目的节点发送分组流时,网络向用户保证提供一组满足预先定义的服务性能约束,如端到端的时延、带宽和分组丢失率等。为了提供 QoS 保证,首先要在源节点和目的节点之间寻找具有必要资源来满足 QoS 要求的路由,然后再将必要的资源进行预留。这样就将 QoS 保证转换为 QoS 路由问题。在无线 Ad Hoc 网络中,无线信道的特性较差,存在大量背景噪声和冲击噪声,所能提供的网络带宽比有线信道窄,并且网络容易遭受敌意破坏和干扰,这就要求为无线 Ad Hoc 网络设计新的 QoS 保障机制。无线 Ad Hoc 网络中的服务质量保证是个系统问题,不同层都要提供相应的机制。比如应用层要提供自适应信源编码和压缩技术,网络层要提供 QoS 路由,链路层要提供预留策略。

3. 媒体接入控制

在无线自组网中,由于无线信道的广播特性,容易产生隐藏终端节点和暴露终端节点等问题,如何获得较高的信道利用率、较低的延迟和终端公平的接入是新的 MAC 协议需要考虑的。

MAC 协议主要是解决隐藏终端问题和暴露终端问题,影响比较大的有避免冲突的媒体介入控制（multiple access with collision avoidance，MACA）协议，即使用请求发送/清除发送/确认（request-to-send/clear-to-send/acknowledge，RTS/CTS/ACK）方案，控制信道和数据信道分离的双信道方案和基于定向天线的 MAC 协议，以及一些改进类的 MAC 协议和提高能量效率的 MAC 层协议。有一些研究则是侧重于将 IEEE 802.11 的 MAC 协议移植到无线 Ad Hoc 网络中。基于定向天线的 MAC 协议在理论上性能较为优越，但是在技术上实现的难度比较大。

4. 功率控制

功率控制问题涉及无线网络中的各层。由于无线自组网中存在多跳，其功率控制要比传统蜂窝系统复杂许多。在物理层可以调节节点的发射功率，来减少网络的能量消耗。MAC 层可以尽量减少数据发送的冲突，避免重传，使其进入睡眠状态。网络层可以采用功率控制路由算法。

在一个多跳、承载数据业务的网络中进行闭环功率控制可能会很困难，因此大部分系统采用开环功率控制。在目的节点能正确接收分组的前提下，减少节点的能量消耗可以延长节点和网络的寿命，减少对邻居节点的干扰，提高网络的吞吐量，减少数据被窃听的可能性，提高通信的安全性。

5. 安全问题

无线自组网中许多问题与传统有线网及无线蜂窝网相同，但由于其存在一些新问题如电池的寿命短、易被动窃听、难以保证接入特定节点、比有线网络更易被入侵等，其安全更难以保证。目前提出的安全策略有：基于密码的认证协议，密钥和密码的产生是由多台机器决定,而不是传统的由一台机器产生；异步的分布式密钥管理；针对传感器网络的"复活鸭子"安全模式。

6. 与其他网络的互联

通过使用网关路由器，可以将几个无线自组网互联，还可以将无线自组网与 Internet 和蜂窝网互联，这时无线自组网通常是以末端子网的方式接入。这种形式可以向位于多个分散地理位置上的工作小组提供协同通信能力。

7. 无线自组网的资源管理

与蜂窝通信相比，无线自组网的资源管理更为复杂。无线自组网的资源管理主要针对各种数据业务,其服务质量要得到保证。而网络拓扑结构的快速变化增加了资源管理的复杂度。无线自组网中的资源管理不仅涉及通信中的 MAC 层,还扩展到了网络层甚至传输层。此外,由于只能依赖电池等遍携式能源,对能量有效性的考虑也是无线资源管理的基本内容。

无线自组网中节点的移动性、能量的有限性经常使得无线网络的拓扑结构发生改变,对无线网络中的路由协议与资源分配算法的研究显得尤为重要。此外,随着多媒体应用的普及,人们自然会产生在无线自组网中传输综合业务的需求,并且希望像固定有线网络一样为不同业务提供服务质量保障。对于拓扑经常变化、带宽和能源受限的无线自组网而言,提供服务质量支持是一个重要的课题。

近年来,已有越来越多的国内外学者致力于研究无线自组网服务质量支持的问题,并提出了一些服务质量路由协议。在提供无线网络服务质量支持的同时,对无线网络中有限的带宽等资源进行分配也是一个非常重要的问题。本书正是围绕无线自组网中服务质量支持面临的问题和挑战,结合最新的研究情况,对服务质量路由过程中所需要的带宽资源进行如何分配进行深入的研究和探讨。

第 2 章 无线网络服务质量路由协议

2.1 无线网络路由协议需要服务质量支持

按照移动通信系统是否具有基础设施，可以把移动无线网络分成两类。第一种类型是具有基础设施的网络。移动节点借助于通信范围内最近的基站实现通信，节点与基站之间只有单跳距离。移动节点相当于移动终端，不具备路由功能。无线蜂窝网、无线局域网等都属于这类网络。第二种类型是无基础设施的移动网络，也就是无线自组网。无线自组网是由移动主机通过无线连接形成的自主系统。它没有基站等中心转发装置也不需要任何骨干网络的支持，各移动主机本身就充当路由器，具有路由和转发信息等功能。

随着便携计算与无线通信技术的高速发展及低成本电子设备的涌现，智能传感器、可穿戴或手持计算机等新兴技术层出不穷。从野外作战、无人区的数据采集到灾难紧急救援、多方会议再到室外音乐会、多人异地同时游戏，无论是军事、急救、救灾还是个人通信、户外娱乐等临时动态场合，无线自组网的应用是越来越广，对无线自组网进行有益尝试和深入研究是时代的要求。

在无线自组网中，由于节点有限的无线通信距离，所有的节点不一定都在彼此的直接通信范围之内。当通信的双方节点不能直接到达时，需要经过中间节点的转发才能实现通信，即报文要经过多跳才能到达目的节点。多跳特性对信道接入协议的影响很大。传统的基于共享广播信道的接入技术[23]、载波侦听多址接入协议（CSMA）[24]只能在一跳共享的信道上使用，而无线自组网的信道不是一跳共享的，不能使用传统的信道接入技术，所以无线 Ad Hoc 网络信道接入技术要充分考虑多跳带来的隐藏终端和暴露终端问题。

主机的移动性带来网络拓扑结构的动态变化，传统有线网中的路由协议并不适用于无线自组网。由于无线自组网的动态性，设计通信和组网协议是一个具有挑战性的过程。开发针对无线自组网特性的路由协议是建立无线自组网的首要问题，同时也是主要的研究热点和难点。无线自组网的路由协议要能够监测到网络拓扑的动态变化，并能动态更新链路状态以维护网络拓扑的连接。目前，研究人员在这一领域内做了大量的工作，提出了各种多跳路由协议，例如动态源路由（dynamic source routing，DSR）协议[25]、按需平面距离矢量路由（Ad Hoc on-demand distance vector routing，AODV）协议[26]、平面距离矢量路由（destination-sequenced distance-vector routing，DSDV）协议等[27]。

从功能上讲，路由协议是通信网络中的一套将业务数据从源节点传输到目的节点的机制。路由协议的主要设计目标是：满足应用需求的同时尽量降低网络开销，取得网络资源利用的整体有效性，扩大网络吞吐量。其中，应用需求一般包括带宽、时延、时延抖动、丢失率等诸多因素。

无线自组网的路由协议主要包括路径生成（path generation）、路径选择（path selection）和路径维护（path maintenance）三项核心功能。其中，路径生成是指根据集中式或分布式的网络状态信息和用户业务需求生成路径，网络状态信息和用户业务状态信息的收集与分发是该过程的主要内容；路径选择是指根据网络状态信息和用户业务状态信息来选择最适合的路径，在无线自组网的路由协议中，路径生成和路径维护这两项功能通常合在一起称为路由发现；路径维护是指对所选择路径进行维护。

2.1.1 无线网络的路由协议研究意义

以路由协议为核心的网络层设计是无线自组网的主要研究内容。无线局域网、蜂窝网、红外网都是单跳网络，不存在路由问题，分组的处理不通过网络层，其主要研究内容在物理层和数据链路层上。因为无线自组网的特性，针对有线固定网络设计的路由协议无法直接应用。

在无线自组网中，无线传输设备功率的差异及无线信道中的大量干扰，将导致单向信道的存在。无线信道的广播特性使得使用传统路由的寻址过程可能产生许多冗余链路。而传统路由的周期性广播路由更新分组会消耗大量的网络带宽与节点能源。正是基于以上因素，设计适合无线自组网自身的路由协议是必须而且是迫切的。

由于无线自组网具有动态拓扑、有限带宽、终端受限、存在单向信道等特点，对路由协议的要求比有线网络更加严格。概括起来就是要求简单实用、控制管理的开销小、收敛迅速、对终端性能无过高要求、支持单向信道等。目前已经提出的路由协议都尚未完全达到以上所有要求。

2.1.2 无线网络路由协议的度量参数

路由协议的一个准则就是衡量每一条可能到达目的节点的路由质量的方法。这样的一个或一组衡量路由质量的准则通常就叫做度量。路由协议使用过很多不同的度量参数来判定最佳路由。这些度量参数主要有以下 8 个组成。

1. 路径长度

路径长度是最常用的路由协议的度量参数。一些路由协议允许给每条网络链路人工赋以代价值，这种情况下，路径长度是所经过各条链路的代价总和。还有一些路由协议定义了跳数，即分组在从源节点到目的节点的路途中所经过的网络节点的个数。这些协议把跳数作为路径的长度。

2. 可靠性

可靠性在路由协议中指网络链接的可依赖性，通常用组成路由的各个链路的误码率来表示，且受到连续的监控。依据这种度量确定的最佳路由拥有最高的稳定性。

3. 分组时延

分组时延就是分组通过网络从源节点到目的节点所需要的时间长度。分组时延包括处理时延、排队时延、传输时延和传播时延。本书把分组时延作为服务质量路由协议的主要度量参数。

4. 分组抖动

如果网络发生拥塞，排队时延将影响端到端时延，并导致通过同一连接传输的分组的时延各不相同。分组时延的变化程度称为分组抖动。因为分组抖动可以估算接收方分组的最大时延，而不是单个的分组时延，所以分组抖动是很重要的度量参数。接收方可以根据应用程序，添加一个能够存储抖动范围内分组的接收缓冲区来补偿抖动。发送连续信息流的回放应用程序，如交互式语音电话、视频会议及分配，都属于这一类。

5. 带宽

带宽是用来描述给定介质、协议或链路的有效通信容量，也就是链路能达到的最大吞吐量，相当于路由的最小带宽。路径依据它们的最小吞吐量进行比较，整个路径的最小吞吐量值所在路径就是最佳路由。本书把带宽作为服务质量路由协议的主要度量参数。

6. 分组丢失率

分组丢失率规定了数据传输期间丢失的分组数量。网络拥挤以及传输线路破坏都会导致分组丢失。通常，当输入的分组远远超过输出队列的限制时会发生丢失分组现象。当接收分组的输入区不够用时分组也会丢失。分组丢失率通常是指在特定时段内丢失的分组占传输的分组总数的比例。

7. 网络负载

网络负载是指从源节点到达目的节点的路径上网络资源的繁忙程度（链路的吞吐量和路由器 CPU 的利用率）。负载需要通过连续的网络监控来度量。依据负载度量确定的最佳路径意味着路径上的负载最低。

8. 网络开销

赋予一个网段、链路一个度量度数（通常来自其他固定的准则，如带宽等），网络开销指在固定这个度量参数的情况下，每一条链路的开销总和。依据网络开销这个度量确定的最佳路径意味着路径上遍历的每一条链路的开销总和最小。

上述这些度量都有它们各自的优点和缺点。有些度量可以轻易地由网络拓扑结构和物理结构得到，这类度量用于路由协议时不需要额外的控制开销。有些度量反映了网络的瞬时状态，如负载，需要额外的可靠监视资源。目前大量的路由协议主要选取分组时延、带宽、分组丢失率、网络开销这些反映状态值的度量。然而，一些协议不是使用单一准则而是一个复合的准则，目的是得到一个更合适的度量，但也带来了更高的计算开销和更多需要交换的路由信息。

无线自组网中路由协议的任务是实现路由。具体来说，主要有几个方面：监控网络拓扑结构的变化；交换路由信息；确定目的节点的位置；产生、维护及取消路由；选择路由并转发数据。由于无线自组网本身的特性，对在无线自组网中运行的路由协议便提出了许多具体而严格的要求。

2.1.3 无线网络路由协议的分类

1. 针对应用需要进行分类

针对应用需要，无线自组网路由协议可以分为单播路由协议和多播路由协议。

单播是指点到点的通信方式，允许 IP 数据流从一个源节点发送信息到一个目的节点。多播（multicast），也称为组播，是指点到多点、多点到多点的通信方式，允许 IP 数据流从一个源节点或多个源节点发送相同的信息到多个目的节点。传统的点到点方式和广播方式可看作是多播的特殊情况，点到点通信就是多播的源节点或目的节点各为一个的情况，而广播则是所有的网络成员都是多播目的节点的情况。

2. 根据路由发现的策略进行分类

根据路由发现的策略，路由协议又可分为路由表式路由协议、按需式路由协议。

路由表式路由协议采用周期性的路由分组广播，相邻的节点之间交换路由信息，每个节点保存和维护整个网络的拓扑结构。其优点是发送分组的延迟小，缺点是需要花费较高的带宽等资源进行路由表更新。典型的此类路由协议有 DSDV 协议等。按需式路由协议是根据发送数据分组的需要，按需进行路径发现的过程。网络拓扑结构和路由表内容也是按需建立的。优点是由于不需要周期性的广播路由信息，节省了一定的网络资源。缺点是路由发现过程通常采用洪泛机制进行搜索，这在一定程度上抵消了按需机制带来的好处。典型的此类路由协议有 AODV 协议、DSR 协议等。

3. 根据网络的逻辑结构进行分类

根据网络的逻辑结构，路由协议还可以分为平面结构和分级结构两种。

在平面结构的路由协议中，网络中的所有节点都在同一水平位置并且节点的地位是平等的，功能相同，又可以称为对等式结构。其优点是完全分布控制，没有特殊节点，原则上不存在瓶颈，路由协议的健壮性好，交通流量平均地分散在网络中，路由协议没有移动性管理任务，此类协议主要用在小型网络中。缺点是可扩充性差，限制了网络的规模，每个节点都需要知道到达其他所有节点的路由信息，维护这些动态变化的路由信息需要大量的控制信息。典型的此类路由协议有 AODV 协议、DSDV 协议等。

在分级结构的路由协议中，网络按照不同的分群算法分成相应的群（或层），网络的逻辑视图是层次性的。分级结构通常有骨干网与分支子网组成的两层网络机构和多级分级机构。分级路由的优点是适合大规模的无线自组网环境，不需要维护复杂的路由信息，这大大减少了网络中路由控制信息的数量，因此具有很好的可扩充性。缺点是随着节点的不断移动，群的维护和管理比平面式路由协议复杂得多。

4. 根据是否使用 GPS 进行分类

如果从是否使用全球定位系统（global positioning system，GPS）作为路由辅助条件的角度出发，路由协议可以分为地理定位辅助路由协议和无地理定位辅助路由协议。

地理定位辅助路由协议使用了 GPS 提供的定位信息。在无线自组网中，定位信息可用于定向路由，统一的时钟可以实现全局同步。相关研究文献表明，地理定位信息能够提高路由性能。大多数路由协议可以借助 GPS 提供的定位信息进行改进。不过由于存在延迟，当使用定位信息时，它可能已不再精确。典型的地理定位辅助路由协议有地理位置路由协议（location routing，LAR）等。无地理定位辅助路由协议则没有使用 GPS 提供的定位信息。

2.1.4 无线网络路由协议的分类

路由协议设计和优化的基本思想是减少路由协议的开销，从而提高网络的有效吞吐量，提高路由分组的利用效率，从有限的信息中发掘更多价值的网络状态信息。因此，一般采用自适应设计方法，根据网络状态，动态调整路由协议及其参数。

随着无线自组网路由协议研究的进一步发展，以下几个方面将是对路由协议进行重点研究的方向：QoS 路由，支持单向信道、路由安全性、路由协议的可扩展性、定位辅助、无线自组网的互联和无线自组网的节能。

1. QoS 路由

QoS 是一种约定或保证，即通过网络对用户提供一系列预先指定的可量度的业务属性，如跨网时延、时延抖动、可用带宽及分组丢失率等。QoS 路由是指在具体的路由协议中增加 QoS 参数对路由的约束，根据网络的可用资源来决定传送路径，从而提供更好的数据传送性能。

2. 支持单向信道

受地理环境和无线终端功率受限等因素影响，单向信道在多跳无线网中是客观存在的。在已经提出的无线自组网路由协议中，有些支持单向信道，而另一些基于双向信道假设的协议却不能支持单向信道。如何增加或改善路由协议支持单向信道的性能，是今后在无线自组网路由协议研究中的一个重要课题。

3. 路由安全性

无线自组网的安全目标与传统的有线网络中的安全目标是一致的，它们包括可用性、机密性、完整性、安全认证和抗抵赖性，但是两者却具有不同的内涵。在传统网络中，节点之间的连接是固定的。无线自组网网络采用层次化的体系结构，并具有稳定的拓扑，提供了多种服务以充分利用网络的现有资源，包括路由器服务、命名服务和目录服务等。在此基础上提出了相关的路由安全策略，如加密、认证、访问控制和权限管理、防火墙等。

4. 路由协议的可扩展性

网络中路由协议的可扩展性问题可广义地定义为即使在大量节点存在的情况下,网络是否也能对分组提供可接受的服务等级。可扩展性是衡量路由协议性能的一个重要方面，尤其在军事通信中，可扩展性问题是无线自组网设计中最重要的问题之一。

5. 定位辅助

GPS 是一种先进的、日趋成熟的技术手段，已在许多领域得到越来越广泛的应用。GPS 系统能够提供较为精确的地理定位信息和全局统一的时钟标识，对于无线自组网的路由具有重要意义。如果能够有效利用 GPS 系统，将会显著提高路由协议的性能，达到事半功倍的效果。

6. 无线网络的互联

当不止一个无线自组网并存时，如果它们之间有通信要求，就需要进行无线自组网之间的互联。在两个无线自组网的接口处，需要通过转换网关进行协议转换。在动态环境下，如何选择网关和如何转换协议等，都是必须研究解决的问题。

7. 无线网络的节能

无线自组网无法利用固定基础设施，其单个节点必须依靠可携带的、有限的电源提供能量。另外，新功能不断的引入加剧了对电源的消耗，不断提出的体积重量减小的要求、电源充电或替换的不便，以及出于环保等考虑，使得无线网络的终端必须考虑对通信相关的功能进行优化以降低电源消耗。因此，如何在路由协议中提供节能策略，就显得相当重要。

2.1.5 无线网络路由协议需要服务质量支持的原因

与固定的有线网络和传统的蜂窝网络不同，对于拓扑经常发生变化、带宽和能源受限的无线自组网来说，提供服务质量支持是一个复杂的课题。

第一，由于没有考虑无线自组网的动态多变的特性，Internet 上的 QoS 保障机制不能直接应用于无线自组网。为支持服务质量，传统网络中链路状态信息（时延、带宽和出错率等）通常需要及时维护，但这一点在无线自组网中却难以实现。因为无线链路的状态随时变化，并且有限的带宽资源和主机的移动性使得服务质量支持这个问题更加复杂。

第二，目前许多有关无线网络中服务质量保障问题的研究大多基于单跳的有中心的蜂窝网络模型，这些服务质量体系结构和保障机制无法直接应用于多跳动态变化的无线自组网。此外，引入大量控制报文的服务质量保障机制也不能被无线自组网接受，因为会过多地占用宝贵的带宽从而降低系统的性能。拓扑结构的动态变化也给无线自组网的服务质量支持带来很大的困难,要消除或减轻网络拓扑变化对 QoS 的影响,需要 MAC 层的支持及其路由协议能快速生成新的路径。

2.1.6 无线信道提供服务质量支持存在的问题

在无线自组网中,由于无线链路动态拓扑变化频繁、带宽资源有限,传输的高误码率等特性,使得无线信道的质量相对于有线信道来说要差得多,并且随环境的变化而变化。无线信道的特性使得它很难提供 QoS 保障,同时给无线自组网的通信带来一定的问题,具体表现在以下几个方面。

1. 网络带宽较窄

在无线网络中,网络带宽通常比较窄。

2. 信道传输质量较差

无线信道的误码率远远大于有线信道的误码率,高误码率的信道将会引起数据的重传,从而降低无线信道的利用率。

3. 节点的通信距离受限

网络中所有节点共享传输信道,由于发射功率等原因,使得一个节点发出的信号,网络中其他节点不一定都能收到,从而出现隐藏终端和暴露终端等问题[28-29]。

2.1.7 MAC 层提供的服务质量支持

MAC 层主要用来管理和协调多个用户共享可用的频谱资源,由于它处于协议的最底层,是所有数据报文和控制消息在无线信道上进行发送和接收的直接控制者,它能否高效的使用是上层各协议和机制所提供的 QoS 支持能否得到最终保障的一个关键因素。具体表现在以下几个方面。

第一,由于无线自组网无固定中心设施和多跳共享广播信道的特性,使得它面临很多如隐藏终端和暴露终端等其他网络没有的问题,致使网络的服务质量下降,必须设法解决。隐藏终端可能引起报文冲突,从而影响信道的利用率,而暴露终端引入了不必要的传输延迟。

第二,无线自组网中的 MAC 协议如果希望具备基本的服务质量保证,则它不仅仅需要解决隐藏终端和暴露终端的问题,还必须区分语音、视频等实时业务和一般数据业务,保证对延迟敏感的实时业务在需要传输的时候成功竞争到信道。

2.2 无线网络服务质量支持

2.2.1 服务质量的基本概念

QoS 是用来定量和定性地描述服务的提供者和服务的接受者之间的协商的服务性能,它是相对于 Internet 服务中尽力而为(best-effort,BE)服务提出来的。

根据国际标准 RFC2386 的定义,QoS 指网络在传输数据流时所必须满足的一系列服务要求,这些服务质量要求也就是所谓的 QoS 参数,如可获得的带宽、端到端的延迟、延迟抖动、包丢失率等。这些参数在业务流开始时提交给网络,如果当前网络所拥有的资源能满足参数的最低限度值,便称当前网络能够满足该项业务的 QoS 需求。无线自组网支持 QoS 的研究主要是放在无线自组网中的 QoS 模型、QoS 信令、QoS 支持的 MAC 协议以及 QoS 路由方面。目前,这些领域已经取得了一些相应的研究成果。

2.2.2 无线网络中的服务质量模型

目前,在 Internet 上支持服务质量的体系结构的模型主要有集中服务(integrated services,IntServ)[30]和区分服务(differentiated service,DiffServ)[31]两种。IntServ 是一种基于流的资源预留机制,它引入了虚电路的概念,由 RSVP 作为建立和维护虚电路的信令协议,路由器通过相应的包调度策略和丢包策略来保证业务流的 QoS 要求。DiffServ 是一种基于类(流的集合)的 QoS 体系结构,它提供定性的 QoS 支持。接入 DiffServ 域的业务流首先在域的边缘被分类和调节,域的核心节点简单地根据包的 DS 域对包进行调度。

针对无线自组网自身的特点,研究人员提出一种灵活的 QoS 模型(flexible quality of service model for mobile Ad-Hoc networks,FQMM)的体系结构[32],FQMM 是针对小规模无线自组网设计的,节点数量小于 50 个,采用平面拓扑结构。FQMM 沿用了区分服务模型中对节点功能的划分。FQMM 提供混合模式的资源分配策略,高优先级的业务基于流分配资源,低优先级的业务基于类分配资源,以减小节点需要保存的基于流的状态信息,从而提高了 FQMM 的可扩展性。FQMM 还采用自适应的业务量调节机制来适应无线链路带宽的变化。

2.2.3 服务质量信令

研究人员专为无线自组网设计了一种称为 INSIGNIA 的 QoS 信令协议[33]。INSIGNIA 提供 QoS 信令所需的流建立、流恢复、软状态管理、自适应调节和 QoS 报告等操作，共同完成 QoS 信令功能。由于 INSIGNIA 使用带内信令，将信令与数据封装在 IP 包中，避免了信令与数据包竞争无线信道，从而减小碰撞概率和信令协议的开销。但由于采用基于流的资源预留策略，对节点的存储和处理能力有很高要求。另外，由于 INSIGNIA 仅支持尽力而为和自适应的实时业务，这限制了它的应用范围。INSIGNIA 能在一定程度上保证实时业务的带宽却不能保证时延，因此就是对实时业务来说，INSIGNIA 的支持能力也是有限的。

2.3 无线网络服务质量路由协议的概述与分类

2.3.1 服务质量路由协议概述

无线网络中实现服务质量的关键是研究服务质量路由协议。服务质量路由在实现 QoS 保证中具有很重要的作用，在网络中建立节点间的连接和预留资源前，必须要在源节点和目的节点间选择一条合适的路径，路径的选择一方面受网络中可用资源的限制，另一方面必须要能满足一定的端到端带宽或时延等 QoS 需求。在传统的有线网络中，服务质量路由一般依赖精确的路由信息，而无线自组网自身动态变化的特性导致提供的路径信息是非精确的，这就使得传统有线网中的服务质量路由协议不能直接用于无线自组网。

对于一个无线网络来说，要想实现 QoS 保证就必须预留资源和控制资源。多跳的多媒体网络中最主要的挑战来自如何对那些可作为带宽预留的资源进行解释说明[34]。

在基于时分多址覆盖码分多址（time division multiple access over code division multiple access，CDMA-over-TDMA）的无线自组网环境中，时隙传输的调度基于每个节点的相邻节点（即 1 跳邻居）的信息。Chen 提出了一种基于标签（ticket）的算法来支持 QoS 路由协议[35]。Lin 和 Liu 针对无线自组网提出了一种带宽计算和预留的算法[36]，该算法通过交换包括带宽信息的路由表，计算出源节点和目的节点之间最短路径的端到端的带宽。Lin 在此基础上进行改进，提出一种按需式 QoS 路由协议[37]。近年来，研究人员对基于 CDMA-over-TDMA 信道模型无线自组网中的 QoS 支持的路由协议进行了更加深入的研究和探讨，分别提出了代价高效的 QoS 路由的协议[38]、多路径 QoS 路由协议[39-43]和 QoS 组播路由协议[44-45]。

不同于时分多址覆盖码分多址（CDMA-over-TDMA）的环境，人们主要关注在基于时分多址(TDMA)环境中的 QoS 支持的路由问题。TDMA 信道模型与 CDMA-over-TDMA 信道模型相比，通信协议更简单，代价更小。在 TDMA 模型中，一个节点对一个时隙的使用不仅依赖于它的 1 跳邻居对这个时隙的使用，2 跳邻居的时隙使用情况也必须考虑进来。这是由无线网络中隐藏终端/暴露终端问题造成的。Liao 讨论了无线自组网中隐藏终端问题，并为无线自组网中的 QoS 路由提出了一种基于 TDMA 的带宽预留协议[46]。

目前，研究人员通过使用不同的模型和方法对不同环境中的无线自组网的 QoS 路由问题进行研究。其中许多 QoS 路由算法通过对现有的尽力而为路由算法（例如，DSR、AODV 和 DSDV）进行改造，使其能够支持特定的 QoS 要求。此外，有些协议是建立在新算法的基础之上的。例如，Badis 提出了一种 QoS 优化链路状态路由协议（QoS optimized link state routing，QOLSR[47]，它是优化链路状态路由协议（optimized link state routing，OLSR）的 QoS 扩展。该协议使用 IP v6 标签并对数据包进行分类，通过带宽量度和延迟量度来选择满足 QoS 要求的路径。

2.3.2 服务质量路由协议的分类

目前专门应用于单播路由的协议可以分为两类。一类是按需式（on-demand）协议，不需要保存和维护路由表，当通信请求到达时，才去按需寻找通信路由。如果拓扑结构的变化不影响当前的传送路由，就不进行路由维护操作。此类协议有 DSR、AODV 协议等。另外一类是表驱动式（table-driven）协议，它直接继承了传统有线网络的路由协议如距离向量协议、链路状态协议的特点。在该类协议中，每个节点需要整个网络的最新拓扑信息，一旦有通信请求，就可以快速计算出路由。此类协议有 DSDV 协议等。

1. 基于 DSR 的服务质量路由协议

目前有许多研究通过扩展 DSR 协议来得到服务质量路由协议。Liao 为基于 TDMA 的无线网络提出一个基于 DSR 的 QoS 路由协议[46]，该协议使用时隙预留机制来预留一条满足所需带宽要求的服务质量路径。通过增加一些优化方法，Jawhar 扩展该协议以提高服务质量路径的性能[48]。

Liao 还提出了一种基于标签的多路 QoS 路由协议[49]。如果没有一条链路满足带宽要求，该协议允许中间节点通过搜索到它邻居的多条链路来扩充路由请求。此外，Zhu 在为基于 TDMA 的无线自组网中的 QoS 支持，提出了一个五阶段预留协议，该协议可以同时执行信道访问和节点广播调度的任务[50]。

2. 基于 AODV 的服务质量路由协议

还有一些服务质量路由协议从 AODV 协议扩展而来。Gerasimov 提出的 QoS-AODV 协议把带宽计算包含在路径发现机制中，每个节点保存一个调度表（schedule table），包含了节点所有邻居的时隙预留状态信息[51]。此外，QoS-AODV 协议还修改了 AODV 协议中的问候消息，使其包含时隙预留信息。每个节点必须考虑它自己和 1 跳邻居及 2 跳邻居的时隙信息，只有当每条链路能满足所需要的带宽时，才能转发路由请求（route request，RREQ）消息。收到 RREQ 的目的节点发送一个资源预留（resource reservation，RRSV）消息给源节点来确认时隙预留。如果遇到中间节点由于竞争状况造成的多次预留，则算法使用清除预留（undo reservation，URSV）消息来释放时隙资源。

Zhu 提出了在 TDMA 无线自组网中基于 AODV 的服务质量路由协议[52]，它包含了计算端到端路径带宽的算法。如果被选择的路径没有用于发送数据信息，该协议使用软状态定时器来释放被预留的时隙。

3. 基于 TORA 的服务质量路由协议

另一类服务质量路由协议对临时命令路由算法（temporarily-ordered routing algorithm，TORA）进行了扩展[53]。Gerasimov 等为基于 TDMA 的无线自组网提出了一个 QoS-TORA 路由协议[53]。源节点首先建立一条到目的节点的尽力而为路径，然后发送一个含有所需的时隙数目的带宽查询消息。目的节点广播一个包含所需时隙数目的更新带宽消息，中间节点如果可获得足够的带宽则转发这个更新带宽消息。源节点收到所有的更新带宽消息后确定使用哪条路径。源节点能发现多条路径使 QoS-TORA 协议比仅分配一条路径的 QoS-AODV 协议更加灵活，模拟结果也显示节点移动性更高的情况下，QoS-TORA 协议能提供更多的吞吐量。

Dharmaraju 等提出了另一种基于 TORA 的服务质量路由协议 INORA[54]。它是一种网络层 QoS 支持机制，利用了 INSIGNIA 带内信令机制和 TORA 路由协议。通过使用信令层来反馈现有路径的 QoS 状态以提供允许控制，并对网络中的数据流进行管理。如果当前路径的 QoS 不满足应用所需的 QoS 要求，INORA 可以要求路由协议 TORA 找出另一条路径。

4. 基于 DSDV 的服务质量路由协议

Lin 等提出了带有回溯预留的多址冲突避免（multiple access collision avoidance with piggy-back reservation，MACA/PR）路由协议[55]，该协议是从 DSDV 扩展而来。MACA/PR

协议通过建立一个请求发送-清除发送（request send-clear send，RTS-CTS）对话来解决隐藏终端问题，因此能够避免传输冲突。Manoj 等对 MACA/PR 协议进行了扩展，提出一个被称为实时 MAC 的 MAC 层协议。该协议使用不同的方法预留时隙来发送数据信息[56]。

5. 对一些服务质量路由协议进行比较

表 2.1 对现有的一些服务质量路由协议进行比较。在表 2.1 中，第一列列名为序号，表示提出的服务质量路由协议的参考文献序号；第二列列名为位置，表示服务质量路由协议工作位置是在网络层还是 MAC 层；第三列列名为环境，表示路由协议工作在同步或者异步的网络环境中；第四列列名为模型，表示假设的网络通信模型；第五列列名为扩展路由，表示相应的 QoS 路由协议所扩展的或最接近的尽力而为路由协议；最后一列列名为描述，将对服务质量路由协议进行简单说明。

表 2.1 现有的服务质量路由协议的比较

文献编码	路由位置	环境	模型	扩展路由	描述
[39]	网络层	同步	CDMA-o-TDMA	DSR	标签多路 QoS 路由选择，多条路径
[46]	网络层	同步	TDMA	DSR	从源节点到目的节点分配时隙
[52]	网络层	同步	TDMA	AODV	带宽计算包含在路径发现机制中
[54]	网络层	同步	TDMA	TORA	移动性更高时提供更多的吞吐量
[55]	MAC 层	异步	TDMA	DSDV	在一个时隙周期内灵活预留
[57]	网络层	异步	TDMA	AOOV	按需的基于服务质量的路由协议
[58]	网络层	同步	TDMA	AODV	按需的基于服务质量的路由协议
[59]	MAC 层	异步	CDMA-o-TDMA	DSDV	每个集群有不同的代码，增加了开销
[60]	网络层	同步	CDMA-o-TDMA	DSDV	由目的节点来计算路径的带宽
[61]	网络层	同步	CDMA-o-TDMA	DSR	RREQ 包负责发现路径并沿路计算路径带宽
[62]	MAC 层	异步	N/A	DSR	遵从 802.11，异步信道访问
[63]	网络层	同步	N/A	DSR	带有移动性预测的 QoS 路由协议

2.4 基于时分多址无线网络的服务质量路由协议

2.4.1 图论基础

避免干扰的调度和通信是基于 TDMA 网络中一个非常重要的课题。Loyd 为基于 TDMA

的无线自组网的广播调度提供了一个理论背景[64]。从图论的角度来说，在无线自组网中进行广播调度的问题可以简化成图 G =（V，E）的 2 跳染色问题（因为 1 跳染色并不足以解决如隐藏终端问题之类的干扰）[65]。

在无线网络中，与一个节点相距两跳的邻居节点，包括该节点所有的 1 跳和 2 跳的邻居。2 跳染色问题是指对图中节点的颜色进行分配，使得相距两跳的邻居节点不能使用相同的颜色。最佳染色是使用最少颜色的一种染色方法。因此，一个网络的广播调度，可以从一个图的 2 跳染色中进行提取。依赖于所使用的媒体接入控制协议，节点的颜色可以有不同的含义。换句话说，在频分多址 MAC 情况下，节点的颜色可以代表频率（frequency）；在码分多址 MAC 情况下，节点的颜色可以代表代码（code）；在时分多址 MAC 情况下，节点的颜色可以代表时隙（timeslot）。

现有的广播调度算法主要分为集中式和分布式两种算法。在集中式染色算法中，大致有下列三类广播调度算法。

第一类，传统算法。根据某个标准对网络中的节点排序，然后运用贪婪策略对节点进行染色。

第二类，几何算法。把网络设计成一些简单的几何对象，然后计算最佳的 2 跳染色。

第三类，动态的贪婪算法。用贪婪的方式对节点进行染色，用动态的方法对节点进行排序。

在分布式染色算法中，大致有下列两类广播调度算法。

第一类，令牌传递算法。包含网络信息的令牌在网络中传递，当节点收到令牌时计算调度部分。

第二类，完全分布式算法。每个节点根据自己的信息及其附近节点的信息来计算自己的调度。

大多数基于 TDMA 无线网络的资源调度算法属于完全分布式算法。也就是说，每个节点根据自己的 1 跳和 2 跳邻居的信息来完成时隙传输的实际调度。这种两跳邻居以内的信息足以避免每个节点计算的冲突调度。

2.4.2 时分多址无线自组网中数据传输的约束

在基于 TDMA 的无线自组网中，节点之间的通信是通过使用同步的 TDMA 帧来完成的。一个 TDMA 帧是由控制阶段和数据阶段两部分组成。控制阶段的每个时隙的大小远小于数据阶段的时隙大小。控制阶段用来实现所有的控制功能，例如时隙和帧的时钟同步、功率测量、代码分配、链路建立、时隙请求等。数据阶段主要用于数据包的传输。整个网络是基于帧和时隙时钟同步的，也就是说时间被划分为多个时隙，一组时隙又组成了帧。时钟同步性通过两种方法获得，一种是监听网络数据流并相应地调整时隙，另一种是使用外部设备，例如 GPS 这类定时设备。

TDMA 环境是一种单信道模型。由于只需要一个相对简单的传输机制和天线设计，这种模型通常较为实用和便宜。但是，这种 TDMA 模型给设计者带来隐藏终端问题和暴露终端问题的约束。隐藏终端问题和暴露终端问题使得路径带宽的计算变得更为复杂。服务质量支持的路由协议必须考虑隐藏终端问题和暴露终端问题，一方面采用合适的机制来避免隐藏终端的干扰，另一方面通过充分利用暴露终端来最大化信道的重用。

图 2.1 显示了由 N 个节点组成的基于 TDMA 的无线网络中的 TMDA 帧结构。TMDA 帧结构分成了两个阶段，一个是控制阶段，另外一个是数据阶段。网络中的每个节点有一个被指定的控制时隙，控制时隙从 1 到 N，所以控制阶段是由 N 个控制时隙组成，节点可以使用指定的控制时隙传输控制信息，但网络中的所有节点必须竞争使用数据阶段的数据时隙来传输数据信息。在图 2.1 中，数据时隙从 1 到 M，所以数据阶段是由 M 个控制时隙组成。

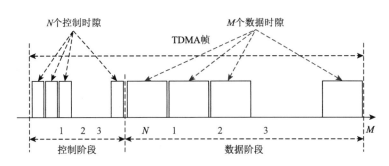

图 2.1　N 个节点组成的网络中 TDMA 帧结构

2.4.3　时分无线网络的服务质量路由协议

Lin 等提出了一种基于带宽计算的按需式服务质量路由协议[37]，该 QoS 路由协议以带宽作为服务质量度量参数，其设计思想是基于 CDMA-over-TDMA 模型。CDMA 允许多个用户在同一波段无干扰地同时传输。每个节点采用事先安排的代码与邻居节点在无冲突模式下进行通信。代码分配的目的就是在空间上对扩频代码进行重用，以减少报文冲突的可能。

在 CDMA-over-TDMA 信道模型中，为了避免传输过程中的冲突，给邻居节点分配不同的传输代码，每一个传输代码是一个时隙。换句话说，就是将可用带宽转化为空闲时隙。基于带宽计算的按需式 QoS 路由协议不需要维持路由信息，也不需要周期性的交换路由信息以更新路由表，而是根据需要建立一条新的路径，这里被称为虚链路。

1. 路由带宽计算

在基于带宽计算的按需式 QoS 路由协议中，两个节点间的路由带宽（端到端的路径带宽）被定义为组成两节点间路由的多跳链路上的一系列可用时隙。假设 free_slot（A）为节点 A 的可用时隙集合，则从节点 A 到其邻居节点 B 的单跳链路的带宽为 link_BW(A，B) = free_slot（A）∩free_slot（B），其中 link_BW（A，B）是两个节点 A 和 B 之间链路的带宽，free_slot（A）是节点 A 的空闲时隙集合，free_slot（B）是节点 B 的空闲时隙集合，∩表示交集。即链路带宽为链路两个端节点的空闲时隙的交集。

2. 报文结构

在按需式服务质量路由协议中，所有报文都由下列字段组成：<packe_type, source_addr, dest_addr, sequence#, route_list, slot_arry_list, data, TTL>。这些字段的含义分别是报文类型、源节点地址、目的节点地址、源节点序列号、路由经过节点列表、时隙列表、数据和到期时间限制。

报文类型（packe_type）字段表示了报文的类型，表 2.2 给出了 packe_type 可以取的值及对应的功能。报文中的第 2 和第 3 个参数 source_addr、dest_addr 分别表示源节点和目的节点的地址。报文中的第 4 个参数 sequence#表示报文的序列号，其值单调递增，可用于更新过期路由。每个分组报文都用<source_addr, sequence#>来唯一标识。报文中的第 5 个参数 route_list 记录了路由信息。报文中的第 6 个参数 slot_arry_list 记录了路径上的时隙分配信息。报文中的第 7 个参数 data 表示要传递的数据信息。报文中第 8 个参数 TTL 表示到期时间的限制，报文在这个到期限制时间后必须转发出去。

表 2.2 Packet_type 字段可以取的值及功能

Packet_type 可取值	功能
Route_Request（RREQ）	用于请求发现路由
Route_Reply（RREP）	用于预留路由
Reserve_Fall	指示预留失败
Route_Broken	指示路由中断，不可用
Clean_RREQ	用于清除多余 RREQ
No_Route	指示未发现路由
Data	用于传输数据

在表 2.2 中，当 Packet_type 值为 Route_Request（RREQ，路由请求），该报文用于请求发现路由路径；当 Packet_type 值为 Route_Reply（RREP，路由应答），该报文用于预留路由路径中的资源；当 Packet_type 值为 Reserve_Fall（预留失败），表示预留路由路径中的资源失败；当 Packet_type 值为 Route_Broken（路由中断），表示路由路径中断，该路径不可用；当 Packet_type 值为 Clean_RREQ（清除路由请求），表示要清除多余 RREQ 报文；当 Packet_type 值为 No_Route（无路径），表示未发现路由路径；当 Packet_type 值为 Data，表示该报文用于传输数据。

3. 路由发现

基于带宽计算的按需式 QoS 路由协议和 AODV 及 DSR 协议一样，不需要维护路由表或周期性地交换路由信息。当源节点需要和其他节点通信时，若没有到达目的节点的路由信息，源节点将向其邻居节点发送一个洪泛（flooding）RREQ 报文。如果网络拓扑结构中存在到达目的节点的路由，RREQ 报文将发现和记录从源节点到目的节点的路由路径。

4. 路由预留

当目的节点接收到 RREQ 报文后，将根据其 route_list 中记录的路由向源节点返回一个 RREP 报文。根据 RREQ 中携带的信息，目的节点可以建立一条到源节点的反向路由。

5. 路由中断

当虚链路建立后，在使用过程中可能会因为网络拓扑结构变化造成虚链路的中断，使用连接控制可以重新建立虚链路。当一条路由中断后，相关的两个中断节点分别向源节点和目的节点发送路径中断（Route_Broken）报文。也就是说，路由路径上位于源节点一端的中断节点向源节点发送 Route_Broken 消息，而位于目的节点一端的中断节点向目的节点发送 Route_Broken 消息。路由上的其他节点接收到 route_broken 消息后，在转发该报文的同时释放为该虚链路预留的带宽资源，并清除属于该虚链路的未发送的报文。当接收到 Route_Broken 消息后，源节点将重新发起路由建立过程。

第3章 无线网络基于时分多址的信道通信模型

本章从影响无线网络的整体性能和服务质量的关键环节——隐藏终端问题和暴露终端问题入手,分析隐藏终端问题和暴露终端问题给无线网络通信带来的负面影响。着重介绍 MAC 层采用 TDMA 方式的信道模型,对现有无线网络中单路径的时隙分配算法进行改进,提出既能避免隐藏终端,又能充分利用暴露终端的时隙分配(timeslot assignment)方法。这种新的时隙分配方法是本书后面章节所提出的各种时隙分配算法的基础。

与其他类型的网络相比较,无线网络中的 QoS 保证更为困难,这是因为无线介质使得相邻的节点通常共享带宽资源,并且网络拓扑随着节点移动而改变。这需要节点之间进行广泛的协商来建立路径,并且保证在建立的路径上有必要的资源来提供 QoS。

在无线自组网中,提供 QoS 支持的能力依赖于媒体接入控制层如何进行管理资源。在目前提出的各种 QoS 路由协议中,有些使用普通的 QoS 量度,没有依赖于特殊的 MAC 层;有些在 MAC 层使用码分多址来消除不同传输之间的干扰。为了进行成功的数据传输,针对不同的 MAC 层的信道通信模型有不同的约束,而且为一种类型的 MAC 层设计开发的 QoS 路由协议不能简单地推广到其他类型的 MAC 层上。基于 TDMA 环境的数据传输相比较于 CDMA 要求更高,因为传输更有可能受到周围节点的干扰,所以节点之间需要更多的协调。

在无线自组织网络中,MAC 协议处于网络协议栈软件的最底层,是所有分组在无线信道上发送和接收的直接控制者。MAC 协议能否有效地使用无线信道的有限带宽,将对无线自组网的性能起决定性作用。协议的好坏直接决定着信道的利用率和整个网络的性能。因此,从无线自组网出现至今,MAC 协议一直是个活跃的研究领域。在无线自组网中,由于无线信道的广播特性,容易产生隐藏终端节点和暴露终端节点等问题,如何提高信道利用率、减少延迟并且获得终端公平的接入是 MAC 协议需要考虑的问题。

3.1 隐藏终端和暴露终端

无线自组网特有的网络组织形式和动态拓扑、能源有限,造成了它固有的隐藏终端问题和暴露终端问题，如图 3.1 所示。一般来说，隐藏终端问题的存在可能造成分组传输的冲突，影响无线信道的资源利用率。暴露终端问题的存在则可能会引入不必要的延迟，使得网络资源无法被充分利用。下面将对隐藏终端问题和暴露终端问题的产生原因进行深入探讨，并针对这两种终端问题分析可能的解决方法。

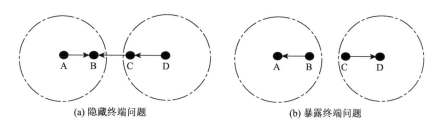

(a) 隐藏终端问题　　　　　　(b) 暴露终端问题

图 3.1　隐藏终端和暴露终端问题

3.1.1　隐藏终端

隐藏终端是指在接收节点的覆盖范围内而在发送节点覆盖范围外的节点。隐藏终端因接收不到发送节点的发送指令而可能向同样的接收节点发送报文，造成报文在接收节点处的冲突。发生冲突后，如果发送节点要重传产生冲突的报文，则会降低信道的利用率。所以，无线自组网的信道接入协议必须要解决隐藏终端问题对网络造成的干扰。

隐藏终端又可以分为隐藏发送终端和隐藏接收终端。

1. 隐藏发送终端问题

如图 3.1（a）所示，当发送节点 A 向自己的一跳邻居也就是接收节点 B 发送报文时，如果另外一个节点 C 处在发送节点 A 的覆盖范围之外而处在接收 B 的覆盖范围之内，则节点 C 是节点 A 的隐藏终端节点。

2. 隐藏接收终端问题

在图 3.1（a）中，当节点 C 延迟发送时，如果此时节点 D 向邻居节点 C 发送控制报文请求发送数据，此时节点 C 要延迟发送，它无法对邻居节点 D 的请求要求做出回应。所以节点 D 不能收到来自节点 C 的应答，同时它无法知道节点 C 不应答的原因，于是就超时重发，从而对有限的带宽造成了浪费。这种情况下的节点 C 就是节点 A 的隐藏接收终端节点。

3.1.2 暴露终端

暴露终端是指在发送节点覆盖范围之内而在接收节点范围之外的节点。暴露终端节点因接收到发送节点的发送指令而延迟发送。因为它在接收节点的通信范围之外，实际上它的发送不会造成冲突。但是，暴露终端问题引入了不必要的传输延迟，所以也要想办法加以解决。

暴露终端也可以分为暴露发送终端和暴露接收终端两种情况。

1. 暴露发送终端问题

在图 3.1（b）中，当发送节点 B 向接收节点 A 发送数据时，另外一个发送节点 C 需要向接收节点 D 发送数据信息，因而向节点 D 发送请求发送 RTS 报文。但是，来自节点 D 的应答发送 RTS 报文会与节点 B 的数据报文在节点 C 处产生冲突。节点 C 听不到节点 D 的回应，将重复发送 RTS 报文。在这种情况下，节点 C 就是暴露发送终端节点。

需要说明的是，当节点 C 向节点 D 发送 RTS 控制报文时，该报文同样会与节点 B 的数据报文在节点 C 处产生冲突，但这并不会影响节点 D 对该 RTS 报文的正确接收。

2. 暴露接收终端问题

在图 3.1（b）中，当发送节点 B 向接收节点 A 发送数据信息时，如果另外一个发送节点 D 有数据报文想发往接收节点 C，它可以向节点 C 发送一个 RTS 报文，但是此报文将会与节点 B 发送的数据报文在 C 处发生冲突，这将使得节点 C 听不到来自节点 D 的 RTS 报文，从而不会发送 RTS 报文。节点 D 由于收不到应答，重发 RTS 报文。在这种情况下，节点 C 就是暴露接收终端节点。

3.1.2 解决隐藏终端和暴露终端问题的方法

从上述分析可知，在无线自组网中引起隐藏终端问题和暴露终端问题的原因是多方面的。因此，需要分具体情况来进行解决。

对于隐藏发送终端问题，一个可行的解决方案是采用 RTS/CTS 握手机制。节点在每次发送分组之前，通信双方先使用控制报文进行握手，听到目的节点回应的控制报文的节点必须延迟发送。

例如，在图 3.1（a）中，当发送节点 A 要向接收节点 B 发送分组时，节点 A 先向节点 B 发送一个控制报文 RTS；收到 RTS 后，节点 B 发送 CTS 控制报文用来回应；节点 A 收到 CTS 后才开始向节点 B 发送报文。如果节点 A 没有收到控制报文 CTS，则节点 A 认为发生了冲突，就重发 RTS 控制报文。这样，隐藏终端节点 C 就能够听到节点 B 发送的控制报文 CTS，知道节点 A 要向节点 B 发送报文，节点 C 就不会发送任何信息，而是将延迟发送报文，这样就解决了隐藏发送终端问题。

采用上述通信前握手的方案，却无法解决隐藏接收终端问题。如图 3.1（a），节点 D 在节点 A 和节点 B 通信期间接收不到来自节点 C 的 CTS 回应，只能盲目地超时重发。当系统只有一个信道时，因为节点 C 是一个隐藏终端节点，不能发送任何信息，无法通知节点 D，所以隐藏接收终端问题在单信道条件下是无法解决的。

同样的道理，在单信道条件下，无论是暴露发送终端问题还是暴露接收终端问题都无法得到解决。根据图 3.1（b），如果发送数据前采用握手机制，暴露发送终端节点 C 就无法与节点 D 成功握手，也就不能向节点 D 发送报文。而当节点 C 作为暴露接收终端时，来自节点 D 的任何报文都会与节点 B 发送的数据报文在节点 C 处发生冲突，同样不可能与目的节点成功握手。正因为如此，当无线自组网使用基于单信道的媒体接入协议时，必然会受到隐藏终端问题和暴露终端问题的困扰。

下面，使用伯克利大学的网络研究组（lawrence berkeley national laboratory）研制开发的网络模拟器（network simulator，NS 2）作为仿真环境，使用的版本是 ns 2.28[66]，采用 IEEE 802.11 这种随机类型的 MAC 层协议，并通过一个脚本程序来说明如何使用 RTS/CTS 握手机制来减轻隐藏终端问题对无线网络造成的影响。

1. 实验环境的建立

创建一个 500 m×500 m 的无线网络环境，三个节点 0、1 和 2 在无线网络环境中的位置如图 3.2 所示，并且在模拟过程中不再移动。假设每个节点使用默认的传输功率（传输半径为 250 m 时的传输功率约为 0.282 W），路由层采用 AODV 路由协议。假设源节点和目的节点之间都只有一跳距离。

在图 3.2 中，分别在节点 0、1 及节点 2、1 之间建立 UDP 连接，节点 0 的坐标是（30，30），节点 1 的坐标是（200，30），节点 1 的坐标是（450，30），然后在两个用户数据包协议（user datagram protocol，UDP）连接上建立不间断的比特率（constant bit rate，CBR）流 1 和 CBR 流 2。这两个 CBR 流分别在 0.0 s 和 1.0 s 开始传输数据包，但都在 15.0 s 时终止传输。在每个 CBR 流中，数据包的大小设置为 1000 bit，传输率为 1 M bit/s。

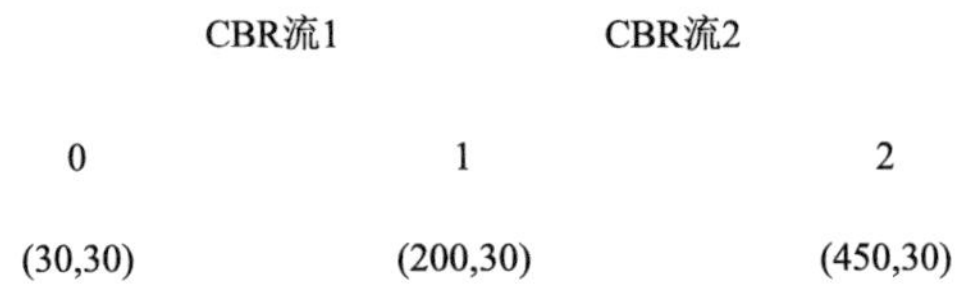

```
        CBR流1              CBR流2
    0              1                 2
  (30,30)       (200,30)           (450,30)
```

图 3.2　网络拓扑结构

2. 实验结果分析

本节将分析隐藏终端问题对无线网络中数据流传输造成的负面影响。为了模拟没有 RTS/CTS 握手机制的情况，在 IEEE 802.11（DCF）MAC 协议[67]中增加 RTS threshold 的值，使其超过数据包的大小，这样协议中只是采用一个广播机制而没有 RTS/CTS 包的传输。具体来说，修改 ns-allinone-2.28/ns-2.28/tcl/lib/中 ns-default.tcl 文件的内容，将原来的 MAC/802_11 set RTSThreshold_0 修改为新的 MAC/802.11_set RTSThreshold_3000，并且设置 Phy/WirelessPhy set CSThresh_5.659e-11，然后运行下列的 Otcl 脚本程序 hidden.tcl。

```
set val(chan)     Channel/WirelessChannel     # 信道类型
set val(prop)     Propagation/TwoRayGround    # 无线电传输模型
set val(netif)    Phy/WirelessPhy             # 网络接口类型
set val(mac)      Mac/802_11                  # MAC 类型
set val(ifq)      Queue/DropTail/PriQueue     # 接口队列类型
set val(ll)       LL                          # 链路层类型
set val(ant)      Antenna/OmniAntenna         # 天线模型
set val(ifqlen)   50                          # 在接口队列 ifq 中等
                                                待的最大包数目
set val(rp)       AODV                        # 路由协议名称
set ns [new Simulator]                        # 建立 Simulator 对象
                                                的实例并赋值给变量ns
Mac/802_11 set RTSThreshold_    3000          # 设置 RTS threshold
                                                的值，单位是 Byte
                                                （字节）
```

```
Antenna/OmniAntenna set X_ 0                    # 设置天线的参数
Antenna/OmniAntenna set Y_ 0
Antenna/OmniAntenna set Z_ 1.5
Antenna/OmniAntenna set Gt_ 1.0                 # 设置天线的传输增益
Antenna/OmniAntenna set Gr_ 1.0                 # 设置天线的接收增益
Phy/WirelessPhy set CPThresh_ 10.0              # 设置 capture threshold
                                                  （捕获阀值）
Phy/WirelessPhy set CSThresh_ 5.659e-11         # 设置 carrier sense
                                                  threshold（携带感应阀值）
Phy/WirelessPhy set RXThresh_ 3.652e-10         # 设置接收功率
                                                  threshold
Phy/WirelessPhy set bandwidth_ 2e6              # 设置带宽
Phy/WirelessPhy set Pt_ 0.28183815              # 设置节点默认的传输功率，
                                                  单位是瓦特
Phy/WirelessPhy set freq_ 914e+6                # 设置频率
Phy/WirelessPhy set L_ 1.0                      # 设置系统损失因子
                                                  （通常为1）
set f [open test.tr w]                          # 产生 test.tr 文件记录模
                                                  拟过程的 trace 数据
$ns trace-all $f
$ns eventtrace-all
set nf [open test.nam w]                        # 产生 test.nam 文件记录
                                                  nam 的 trace 数据
$ns namtrace-all-wireless $nf 500 500           # nam 的大小是 500m×500m
set topo    [new Topography]                    # 产生 topography 对象保
                                                  证节点在拓扑边界范围内
$topo load_flatgrid 500 500                     # 设定模拟场景的长、宽尺度
create-god 3                                    # 建立 God 对象，存储的节
                                                  点总数是 3
set chan [new $val(chan)]                       # 建立 channel（信道）
```

```
$ns node-config -adhocRouting $val(rp)        # 配置节点参数、路由协议
         -llType $val(ll)                     # 链路层类型
         -macType $val(mac)                   # MAC 类型
         -ifqType $val(ifq)                   # 接口队列类型
         -ifqLen $val(ifqlen)                 # 接口队列 ifq 中等待的最
                                                大包数目
         -antType $val(ant)                   # 天线模型
         -propType $val(prop)                 # 无线电传输模型
         -phyType $val(netif)                 # 网络接口类型
         -channel $chan                       # 信道类型
         -topoInstance $topo                  # topography 实例
         -agentTrace ON                       # 打开应用层的 trace
         -routerTrace OFF                     # 关闭路由层的 trace
         -macTrace ON                         # 打开 MAC 层的 trace
         -movementTrace OFF                   # 不记录节点移动命令的 trace
for {set i 0} {$i < 3} {incr i} {             # 建立三个节点 node_(0),
                                                node_(1)和 node_(2)
    set node_($i) [$ns node]
    $node_($i) random-motion 0                # 关闭节点随机运动功能
}
$node_(0) set X_ 30.0                         # 设定节点初始位置, node_(0)
                                                坐标为(30.0, 30.0)
$node_(0) set Y_ 30.0
$node_(0) set Z_ 0.0
$node_(1) set X_ 200.0                        # node_(1)的初始坐标为
                                                (200.0,30.0)
$node_(1) set Y_ 30.0
$node_(1) set Z_ 0.0
$node_(2) set X_ 450.0                        node_(2)的初始坐标为(450.0,30.0)
$node_(2) set Y_ 30.0
```

$node_(2) set Z_ 0.0	
set udp1 [new Agent/mUDP]	# 建立一个 UDP 代理的实例 udp1
$udp1 set_filename sd1	# 设置发送者的 trace 文件名为 sd1
$ns attach-agent $node_(0) $udp1	# 将节点 node_(0)和代理实例 udp1 绑定
set null1 [new Agent/mUdpSink]	# 建立一个 UDP 接收代理的实例 null1
$null1 set_filename rd1	# 设置接收者的 trace 文件名为 rd1
$ns attach-agent $node_(1) $null1	# 将节点 node_(1)和接收代理实例 null1 绑定
$ns connect $udp1 $null1	# 设置运输层连接的发送者和接收者
set cbr1 [new Application/Traffic/CBR]	# 在 UDP 连接上建立一个流量发生器 cbr1
$cbr1 attach-agent $udp1	# 把流量发生器 cbr1 与 UDP 代理 udp1 相连
$cbr1 set type_ CBR	# 设置 cbr1 的类型
$cbr1 set packet_size_ 1000	# 设置 cbr1 产生的分组大小为 1000 Byte
$cbr1 set rate_ 1Mb	# 设置 cbr1 产生的分组传输率为 1 Mbit/s
$cbr1 set random_ false	
$ns at 0.0 "$cbr1 start"	# Simulator 对象在 0.0 秒时启动 cbr1 流,开始发送
$ns at 15.0 "$cbr1 stop"	# Simulator 对象在 15.0 秒时停止 cbr1 流,停止发送
set udp2 [new Agent/mUDP]	# 建立第二个 UDP 代理的实例

	udp2
$udp2 set_filename sd2	# 设置发送者的 trace 文件名为 sd2
$ns attach-agent $node_(2) $udp2	# 将节点 node_(2) 和代理实例 udp2 绑定
set null2 [new Agent/mUdpSink]	# 建立第二个 UDP 接收代理的实例 null2
$null2 set_filename rd2	# 设置接收者的 trace 文件名为 rd2
$ns attach-agent $node_(1) $null2	# 将节点 node_(1) 和接收代理实例 null2 绑定
$ns connect $udp2 $null2	# 设置运输层连接的发送者和接收者
set cbr2 [new Application/Traffic/CBR]	# 在第二个 UDP 连接上建立一个流量发生器 cbr2
$cbr2 attach-agent $udp2	# 流量发生器 cbr2 与第二个 UDP 代理 udp2 相连

```
$cbr2 set type_ CBR
$cbr2 set packet_size_ 1000
$cbr2 set rate_ 1Mb
$cbr2 set random_ false
```

$ns at 1.0 "$cbr2 start"	# Simulator 对象在 1.0 秒时启动 cbr2 流,开始发送
$ns at 15.0 "$cbr2 stop"	# Simulator 对象在 15.0 秒时停止 cbr2 流,停止发送
for {set i 0}{$i<3} {incr i} {	# 在模拟结束前调用各个节点的 reset 函数

```
    $ns initial_node_pos $node_($i) 30
    $ns at 20.0 "$node_($i) reset";
}
```

```
    $ns at 20.0 "finish"                              # 告诉Simulator对象
                                                        在20.0秒时调用
                                                        finish函数

    $ns at 20.1 "puts \"NS EXITING...\";$ns halt"    # Simulator对象在
                                                        20.1秒时退出，并停止

    proc finish {} {                                  # 设定模拟器用的
                                                        finish函数

        global ns f nf val
        $ns flush-trace
        close $f
        close $nf
    }
    puts "Starting Simulation..."
    $ns run
```

在没有采用RTS/CTS握手机制的情况下，通过执行上述脚本程序hidden.tcl，模拟后一共产生4个文件：sd1，rd1，sd2，rd2。其中sd是发送者的trace文件，rd是接收者的trace文件，即sd1和rd1分别是节点0→节点1的发送者trace文件和接收者trace文件，sd2和rd2分别是节点2→节点1的发送者trace文件和接收者trace文件。从sd1文件中，可以观察到流1的发送节点0发送出1874个分组。rd1文件显示，流1的接收节点1接收到其中的200个分组，有1674个分组没有被接收节点1收到。sd2文件显示，流2的发送节点2发送出1751个分组。rd2文件显示，流2的接收节点1接收到其中的88个分组，有1663个分组没有被接收节点1收到。两个流的分组传输率分别是10.67%和5.03%，如图3.3所示。

在第二次模拟中，将 RTS/CTS 握手机制添加进来，在上述脚本程序中将 Mac/802_11 set RTSThreshold_3000 修改成 Mac/802_11 set RTSThreshold_0 以启动 RTS/CTS 机制。这样，在传输数据分组之前将会先传输 RTS/CTS 分组。通过执行修改后的脚本程序 hidden.tcl，同样一共产生 4 个文件，分别是 sd1，rd1，sd2，rd2。从 sd1 和 sd2 文件中可以看出，节点 0 和节点 2 分别发送出 1874 和 1751 个分组。而 rd1 和 rd2 文件显示，接收节点 1 分别收到其中的 855 和 751 个分组。在这两个流中，分别有 1 019 个分组和 1 000 个分组没有被接收节点 1 收到，分组传输率分别是 45.62%和 42.89%。如图 3.3 所示，采用 RTS/CTS 握手时，两个流的分组传输率分别是 45.98%和 43.1%。两个流的分组传输率远远高于没有采用 RTS/CTS 握手机制的情况。

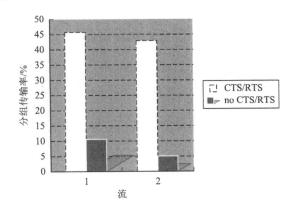

图 3.3 是否采用 RTS/CTS 握手机制对分组传输率的影响

在第一次模拟的过程中,由于没有采用 RTS/CTS 握手机制,从 1.0 秒开始,在节点 0 向节点 1 发送分组的同时,节点 2 也向节点 1 发送分组。这是因为节点 2 不知道自己是节点 0 的隐藏终端节点。来自两个流的分组会在公共的接收节点 1 处发生冲突,从而造成只有极少数分组能够被节点 1 接收到。绝大多数分组因为隐藏终端问题造成的冲突没能成功地到达接收节点,因此分组传输率非常低。

在第二次模拟的过程中,采用 RTS/CTS 握手机制之后,节点 1 收到的分组的数目大大增加,比没有 RTS/CTS 握手机制分别多了 655 和 663 个分组,分组传输率显著提高。因此,采用 RTS/CTS 握手机制能减轻隐藏终端问题的干扰。

3.2 基于时分多址信道模型的带宽分配

3.2.1 采用时分多址 MAC 协议研究服务质量支持的原因

在无线自组网中,提供服务质量支持的能力依赖于 MAC 层如何管理资源。无线 MAC 协议可以分为基于随机接入(或基于竞争)的 MAC 协议和基于 TDMA 的 MAC 协议两类。

随机接入的 MAC 协议运行在众多节点为之竞争的单一信道上。如果信道是空闲的,每个节点根据载波侦听和随机补偿来确定自己的传输。具有代表性的随机接入协议有 ALOHA、CSMA 和 IEEE 802.11 DCF。随机接入的 MAC 协议对于无线自组网的吸引力在于,仅根据局部信息节点能够容易地作出它们的传输决定。在业务量比较低的情况下,这些随机接入的 MAC 协议工作得很好,但在业务量比较高的情况下,这些随机接入的 MAC 协议可能引起很高的传输延迟和很低的吞吐量。当前有很多研究致力于提高随机接入的

MAC 协议的性能。但是从本质上来说，随机接入的 MAC 协议并不能用于严格的带宽分配保证。

基于时分多址的 MAC 协议是建立在一个与基于随机接入的 MAC 协议完全不同的基本原理上。无线自组网根据周期为 T_{system} 个时隙的分时调度（slotted schedule）来运行。通过在每个周期的时隙内来进行分时调度，使得在接收节点处不会产生冲突。根据要查找的是广播还是点对点的通信模型，被调度的实体可能是节点或链路。分配给每个实体的带宽相当于在调度周期内实体所收到的时隙数目。

与随机接入的 MAC 协议相比较，基于 TDMA 的 MAC 协议因其避免冲突的性质使它能更好地利用无线介质。此外，TDMA 协议能够以较低的成本来支持多信道。在多信道的无线自组网中，由于单一的收发器约束，每个节点只能够向一个信道传输信息或从一个信道中接收信息。如果使用随机接入的 MAC 协议，除了传输或接收不确定之外，一个节点必须确定使用哪个信道。由于这种约束，大多数多信道随机接入的 MAC 协议需要每个节点有多个通信收发器，这大大增加了系统的成本。在 TDMA 协议中，只需要一个通信收发器，每个节点在 TDMA 调度的每个时隙内可以知道在哪个信道上进行传输或接收。

与基于随机接入的 MAC 协议相比，基于 TDMA 的 MAC 协议的两个主要优点是它能够提供带宽分配保证和避免冲突地访问无线介质。因此，本书采用基于 TDMA 的 MAC 协议研究服务质量支持的问题。提供带宽分配保证需要全局的网络拓扑信息和预先了解业务量要求。为了使会话 i 支持业务量要求的 τ 个时隙，这个会话的路径上每条中间链路都必须支持 τ 个时隙。因此，所有会话的要求确定了各条链路时隙要求的集合，这是由一个 TDMA 调度来实现。

TDMA 调度的计算需要全局的网络拓扑信息，并且会话的 TDMA 调度也必须立即传播到整个无线网络中。因此，采用集中式算法来计算 TDMA 链路调度并不适用于分布式的无线自组网。使用分布式方法来进行 QoS 路由选择，不需要为每个会话计算网络全局的 TDMA 调度，而是为现有的会话固定时隙位置，然后采用分布式的启发式算法来计算可获得的路径带宽，并且在一条路径上预留时隙。

无线网络的移动性和业务量的动态特性需要一种特殊的机制来确保 TDMA 调度保持避免冲突（conflict-free）的传输。一般采用的技术是将 T_{system} 个时隙的调度分成 $T_{control}$ 个时隙的控制部分和 T_{data} 个时隙的数据部分。控制部分主要用于重组网络的 TDMA 调度，即节点相互交换控制信息并且重新分配时隙来更新它们的传输调度。然后，数据部分使用新的调度来进行实际的数据传输。这种技术需要整个网络的时隙时钟同步，例如，在无线网络中给所有节点配置 GPS 时钟,或者使用一种协议周期性地同步网络来支持时隙时钟同步。

即使是有了同步机制,上述技术的难点还在于如何将 TDMA 帧分割为控制部分和数据部分。控制部分可以使用基于 TDMA 或基于竞争的机制。在第一种情况下,控制部分由 $T_{control} = N$ 个时隙组成,其中,N 是网络中节点的数目。在控制部分的第 i 个时隙内,节点 j 传输控制信息,所有其他节点监听该信息。这种方法使得节点按照固有的次序来依次执行调度,确保了节点在控制部分期间能够避免冲突地交换控制信息。但是,这种方法需要提前知道整个网络中节点的数目。在第二种情况下,节点通过使用随机接入协议(例如,分时的 ALOHA 协议)来竞争控制时隙,控制消息可能会相互冲突,因此不能保证在控制部分期间会产生调度重组。

3.2.2 时分多址信道模型

TDMA 模式通常用于移动主机和基站连接时进行带宽预留的无线延伸。TDMA 是把时间分割成周期性的帧,每一个帧再分割成若干个时隙向基站发送信号。在满足定时和同步的条件下,基站可以分别在各时隙中接收到各移动终端节点的信号而不混淆。同时,基站发向多个移动终端的信号都按顺序安排在预定的时隙中传输,各移动终端只要在指定的时隙内接收,就能在合路的信号中把发给它的信号区分并接收下来。时隙分配问题一直是 TDMA 系统中一个重要的研究方向。

时隙分配是 TDMA 系统中一个重要课题。在解决时隙调度的同时,找出整条路径上的可用带宽等同于多项式复杂程度的非确定性(non-deterministic polynomial,NP)完全问题。Hu 和 Hou 分别在文献中分析了信号冲突与节点传输范围之间的关系[68, 69]。Chlamtac 提出了一个为节点进行时隙分配的分布式启发式算法[70],该算法为每个节点提供帧中的一个时隙用来传输,这样每对节点在通信时就不会产生冲突,这样可以将帧中的时隙数目最小化。

时隙分配问题可以简化为图论中的染色问题,同时也是 NP 完全问题[71]。Borst 考虑了时钟不同步情况下的时隙分配问题[72],由于系统时钟并不是同步的,当一个节点用一个时隙传输数据时,该节点的所有邻居节点便不能使用与已用时隙有重叠的那个时隙,这样可以向邻居节点分配时隙,使得这些邻居节点的可用时隙数目最大化。

与上述时隙分配问题有所不同,本书讨论的是每帧的时隙数目已经给定的情况。在实际系统中,通常网络硬件给定之后,每个帧的时隙数目也就固定下来了,这样的假设更符合实际情况。本书的研究重点是基于 TDMA 的服务质量支持的路由所需的时隙分配的技术,因此,在考虑时隙分配问题时,不仅要计算出每一条路径上各链路的可用带宽,还需要决定如何调度这些时隙,以避免隐藏终端问题和充分利用暴露终端问题。

在本章中,假设 MAC 层采用的是与 Lin 在文献[37]中提出的 TDMA 的信道模式。TDMA 的帧由控制阶段和数据阶段两部分组成。控制阶段每个时隙的大小远小于数据阶段每个时隙的大小。控制阶段是用来实现所有的控制功能,例如时隙和帧的时钟同步、功率测量、代码分配、链路建立、时隙请求等等。在控制阶段,假设每个节点有一个专用的控制时隙,能够避免竞争和冲突。节点能够在自己专用的控制时隙内可靠地传输控制包,例如 Hello 包、路径请求包、路径应答包和路径出错包等。

数据阶段主要用于数据包的传输。每一个帧安排给实际链路的数据时隙的数目由带宽要求决定。数据阶段由固定数目的数据时隙组成,这些数据时隙的集合表示为 $S = \{s_1, s_2, \cdots, s_m\}$,其中,$m$ 是数据阶段中时隙的数目。整个网络是基于帧和时隙时钟同步的,也就是说时间被划分为多个时隙,一组时隙又组成了帧。TDMA 帧的结构如图 2.1 所示。

假设无线自组网中所有节点共享一个公用的信道,且每个节点只配备一个转发器。每个节点与它的邻居节点之间需要时钟同步。如果一个节点希望传输信号,它必须使用一个空闲的时隙来传输,而另一个节点希望接收到信号,则需要使用与相邻的发送节点相对应的同一个空闲的时隙来收听。一个节点可以在同一个时隙内进行发送或者接收。因为一个天线不能同时发送和收听,所以节点不能在同一个时隙内同时发送和接收信号。因为接收节点使用的时隙必须和发送节点使用的时隙相匹配,比如,发送时隙与接收时隙必须成对,所以,沿一条路径上对每个节点进行时隙分配,可以将其转换为对路径上的每条链路进行时隙分配。

3.2.3 时分多址信道模型的时隙分配

在 TDMA 信道模型中,可获得的带宽用空闲时隙的数目来量度[34]。一条链路上空闲时隙的数目表示该链路的空闲带宽,而链路的空闲时隙是该链路的两个相邻端节点公共的空闲时隙。值得注意的是,一条路径上可获得的空闲带宽的数量不仅仅取决于这条路径上各链路的空闲时隙的个数,还依赖于空闲时隙的分配方法,也就是以何种方式为路径上的各个节点预留指定的空闲时隙（即带宽），使得各条链路上预留的空闲时隙数目相同。

图 3.4 显示的是 TDMA 模型下的一个时隙分配的例子。在图 3.4（a）中，假设从节点 A 到节点 C 有一条路径，该路径经过中间节点 B。其中白色的时隙表示节点在这些时隙中是空闲的，而灰色的时隙表示节点在这些时隙中是繁忙的，即该节点正在使用这些时隙传输信息或者接收信息。将相邻两个节点之间的空闲时隙进行匹配，得到节点 A 和节点 B 之间的链路上的空闲时隙是这两个节点的公共空闲时隙的集合{1, 2, 3, 4, 5}，节点 B 和节点 C 之间的链路上的空闲时隙是公共空闲时隙的集合{3, 4, 5, 6}。也就是说，如果节点 A 用这 5 个时隙向节点 B 发信号，节点 B 必须也用相同的这 5 个时隙来收听才能接收到从节点 A 发来的信号。

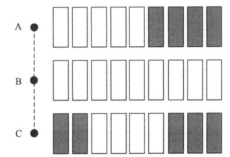

(a) 空闲时隙（用白色表示）和繁忙时隙（用深灰色表示）

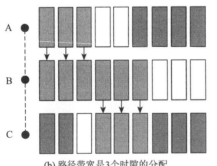

(b) 路径带宽是3个时隙的分配

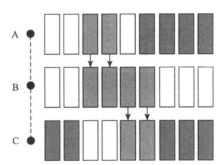

(c) 路径带宽是2个时隙的分配方法(分配用浅灰表示)

图 3.4 在 TDMA 模型下的时隙分配

接收节点使用的时隙必须和发送节点使用的时隙相匹配。沿一条路径上对每个节点进行时隙分配，也就转换成对路径上每条链路进行时隙分配。有人可能会认为从节点 A 到节点 C 的路径带宽是 4 个时隙，因为两条链路的空闲时隙数目的最小值是 4，然而事实情况并非如此。

如果采用图 3.4（b）所示的时隙分配方法，节点 A 预留时隙{1, 2, 3}来传输，节点 B

预留时隙{4, 5, 6}来传输，则路径带宽只有 3 个时隙，因为路径上的每条链路都分配了 3 个空闲时隙。事实上，不难看出在这个例子中进一步增加路径带宽是不可能的。

图 3.4（c）显示的是一种更差的时隙分配方法。如果节点 A 预留时隙{3, 4}来传输，节点 B 预留时隙{5, 6}来传输，则路径带宽将减少为 2 个时隙，因为路径上每条链路都分配了 2 个空闲时隙。除非改变节点 A 的时隙分配方法，否则，这种路径带宽减少的情况将不会得到改善。

现在再回顾前面提到的隐藏终端和暴露终端问题，它们是无线通信环境中两个非常著名的问题。在图 3.5 所示的例子中，节点 A，B 和 C 的时隙状态与图 3.4 相同。假设另一对节点 D 和节点 E 正在使用时隙 2 进行通信，且节点 D 在节点 A 的邻居范围内，将会有两种情况发生。如果节点 D 在时隙 2 内接收信息，则不允许节点 A 在时隙 2 发送信息，否则将会在节点 D 处发生冲突。这是由隐藏终端问题造成的，因为节点 A 是节点 E 的隐藏发送终端节点。因此，在图 3.4 的例子中，节点 A 和节点 B 之间的可获得的公共空闲时隙集合由原来的{1, 2, 3, 4, 5}变为{1, 3, 4, 5}。图 3.4（b）中的时隙分配方法不再适用，且从节点 A 到节点 C 的路径带宽降低为 2 个时隙。

在另外一种情况下，如果节点 D 在时隙 2 内发送信息，则节点 A 仍然可以使用时隙 2 发送信息。这是由暴露终端问题造成的，因为节点 A 是节点 D 的暴露发送终端节点。因此，节点 A 和节点 B 之间的公共空闲时隙的集合并不改变，路径带宽仍然是 3 个时隙。

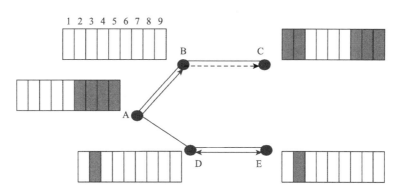

图 3.5　隐藏终端和暴露终端问题干扰的带宽分配

上面的两个例子也显示了在 TDMA 信道通信模型下无线网络中的带宽分配问题的复杂性。通过分析可以看出，仅仅指明一个时隙是繁忙的还是空闲的，并不足以解决隐藏终端和暴露终端问题。对于**繁忙**的时隙来说，需要辨别出节点在这个时隙内正在发送信息还是接收信息。为了避免隐藏终端问题的干扰，在进行带宽分配时，除了考虑发送节点和接收节点的时隙状态信息，还需要考虑这两个节点各自邻居节点当前的时隙状态信息。

Liao[49]提出了一种基于 TDMA 的带宽预留协议，其中讨论了时隙分配的条件。如果下列三个条件都满足，则节点 A 能够分配时隙 t 用于发送信息给节点 B。

（1）节点 A 和节点 B 都没有使用时隙 t 发送和接收信息。

（2）对于节点 A 的任何邻居节点 z 来说，节点 z 没有使用时隙 t 接收信息。

（3）对于节点 B 的任何邻居节点 z 来说，节点 z 没有使用时隙 t 发送信息。

条件（1）是为了符合通信双方必须使用相匹配的空闲时隙来传输信息和接收信息的要求，条件（2）是为了避免节点 A 因为有正在接收信息的邻居节点而成为隐藏终端节点，条件（3）是为了避免节点 B 因为有正在发送信息的邻居节点而成为隐藏终端节点。显然，这种时隙分配方法能够避免隐藏终端问题的干扰。然而，不难发现该时隙分配方法并没有涉及如何利用暴露终端问题。前面介绍过的暴露终端使得网络中的带宽资源无法被充分利用，因此暴露终端问题也应该在时隙分配方法中予以考虑。

为了给本书提出的服务质量支持的路由协议所需的时隙分配算法做准备，可以对上述时隙分配方法进行改进，提出既能避免隐藏终端又能充分利用暴露终端的时隙分配方法。在上面三个条件都满足的情况下，如果节点 A 的任何不同于节点 B 的邻居节点 z 正在使用时隙 t 发送信息，则节点 A 优先分配空闲时隙 t 用于发送信息给邻居节点 B。

例如在图 3.5 中，如果从节点 A 到节点 C 的路径的带宽要求是一个时隙，且节点 A 的邻居节点 D 使用时隙 2 传输信息给邻居节点 E，则在可供分配的五个空闲时隙中，节点 A 优先分配时隙 2 用于发送信息给节点 B，节点 B 分配时隙 3 用于发送信息给节点 C，路径上每条链路都分配了一个时隙，从而满足了一个时隙单位的带宽要求。暴露终端节点 A 在时隙 2 内发送信息实际上不会造成邻居节点 D 的冲突，同时有效地利用了自己可用带宽资源。节点 A 的其余四个可用空闲时隙可供其他的服务质量会话请求分配，从而在一定程度上提高了无线网络中带宽资源的利用率。

第 4 章 时分多址覆盖码分多址分散链路状态服务质量路由的时隙分配

本章研究在基于时分多址覆盖码分多址的无线网络中多路径服务质量路由所需的时隙分配的问题。为了在路由的过程中获得更多的网络整合资源，提供高效的网络资源预留的方法，在前人研究的基础上，提出一种分散链路状态时隙分配的多路 QoS 路由选择方法[73]。在路径发现过程中，动态地收集从源节点到达目的地节点的分散链路的状态信息，找出从源节点到达目的节点之间的多条不相交的路径，根据这些路径计算出的整合带宽和端到端的分组传输延迟能够满足应用所需要的服务质量要求，提出一种最大带跳带优先（LBHBF）方法来选择合适的路径。模拟结果显示，分散链路状态时隙分配的多路服务质量路由选择方法能够提高服务质量请求的调用成功率，在一定程度上减少网络资源的消耗。

为了减少无线网络中因为资源受限引起的网络系统拥塞，多路径被引入到服务质量路由选择中。多路服务质量路由选择就是寻找并使用从源节点到目的节点之间的多条路径来进行数据传输，这些路径的整合带宽能够满足调用的带宽要求，路径的总延迟在最大延迟界限内。研究人员已经提出了一些无线自组网的多路径服务质量路由选择算法。但是在绝大多数的多路径服务质量路由算法中，所找到的多条路径可能有公共的链路和中间节点，这使得数据信息在多条路径传输数据包的过程中，因为冲突问题而导致部分数据包丢失。从源节点到目的节点之间的多条不相交的路径能够提供分散的资源预留，提高所选择的路径的有效带宽。

如何在多条路径中分配各个节点的时隙呢？本书提出一种新的路径发现算法，它能动态地收集从源节点到目的地节点的分散链路状态信息，找出从源节点到目的节点之间的多条节点不相交的路径，在这些路径中进行分散链路状态的时隙分配，用来计算路径带宽。根据一定的路径选择策略找到若干条合适的路径来满足应用所需的服务质量要求，并为所选路径预留必要的带宽资源。

4.1 分散链路状态的时隙分配方法

本章假设 MAC 层采用 CDMA-over-TDMA 信道模型。通过在一条路径的所有链路预留空闲时隙，使得每条链路上预留相同的空闲时隙数目，以实现调用的带宽要求。假设带宽用空闲时隙的数目来衡量，链路带宽是两个相邻节点的公共空闲时隙的集合。路径带宽不仅依赖于链路的空闲时隙，还依赖时隙的分配方法。

例如，在图 4.1 显示的单路径时隙分配方法中，链路 AB 的带宽为节点 A 与节点 B 的公共空闲时隙的集合{2, 3, 5}，链路 BC 的带宽为时隙集合{2, 5}，链路 CD 的带宽为时隙集合{1, 2}。如果使用 hop-by-hop 时隙分配方法，路径 ABCD 上的每条链路都分配了一个时隙，各条链路分配的时隙分别是{5}、{2}和{1}。路径 ABCD 的带宽大小为 1 个时隙。

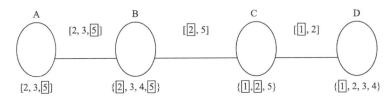

图 4.1　单路时隙分配（边框表示被分配，链路上边框时隙表示被分配的链路带宽）

在图 4.2 显示多路径的时隙分配方法中，路径 SABD 的路径带宽大小为 3 个时隙。这是因为链路 SA 分配的带宽为时隙集合{1, 2, 4}，链路 AB 分配的带宽为时隙集合为{3, 5, 8}，链路 BD 分配的带宽为时隙集合为{2, 4, 7}，每条链路分配的时隙数目都为 3，所以路径带宽为 3 个时隙。

在图 4.2 中，路径 SACD 的路径带宽大小为 2 个时隙。这是因为链路 SA 分配的带宽为时隙集合{5, 7}，链路 AC 分配的带宽为时隙集合为{6, 8}，链路 CD 分配的带宽为时隙集合为{2, 5}，每条链路分配的时隙数目都为 2，所以 SACD 路径带宽为 2 个时隙。但是，这两条路径不能满足 3 加上 2 所得到的 5 个时隙单位的带宽要求，这是因为两条路径上有公共的中间节点，所以两条路径中就有公共的中间链路 SA，两条路径的时隙分配相互冲突。由于时隙{5}和{8}分配给路径 SABD 的链路 AB，它们不能再分配给另外一条路径

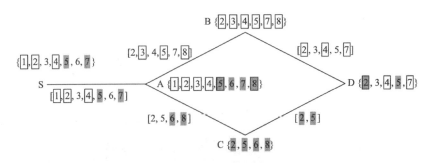

图 4.2　多路时隙分配（边框时隙、阴影时隙表示在不同路径上分配）

SACD 的链路 SA 和 AC。因此，两条路径的整合带宽实际上只有 4 个时隙，这种时隙分配并不能满足应用所需的 5 个时隙的带宽要求。

图 4.3 显示了一种中间节点不相交的多路径时隙分配方法，其中带边框的时隙表示被路径 SABD 分配，带阴影的时隙表示被路径 SEFD 分配。两条中间节点不相交的路径 SABD 和 SEFD 的路径带宽之和恰好能够满足 5 个单位的带宽要求。这是因为在两条中间节点不相交的路径上，时隙的分配彼此不发生冲突。多条中间节点不相交路径的整合带宽比相交路径的整合带宽要大。因此，中间节点不相交的多条路径的总带宽能够满足更高的带宽要求。

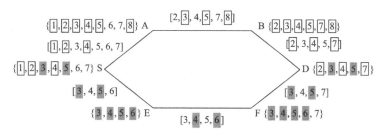

图 4.3　中间节点不相交的多路径时隙分配

从图 4.2 和图 4.3 中可以看出，仅仅将普通的 hop-by-hop 时隙分配方法应用于中间节点相交的路径中，是不能满足应用所需的较高的带宽要求的。而采用中间节点不相交的多路径时隙分配方法，因为中间节点没有发生时隙预留冲突，所以可以满足更高的服务质量带宽要求。

使用中间节点相交路径的多条路径时，由于动态网络的移动特性，如果一个节点传输数据包失败，这将导致共享该节点的其他路径失效；使用中间节点不相交的多条路径时，一条链路或一个节点传输数据包失败只会造成一条路径失效，其他路径依然可以传输数据包。因此，中间节点不相交的多条路径有更高的容错能力。进行路由选择的目标是发现多条中间节点不相交的路径，这些路径的整合带宽以及总的传输延迟能够满足调用所需的服务质量要求。

4.2　分散链路状态时隙分配的多路服务质量路由协议

像 DSR 协议和 AODV 协议一样，分散链路状态的多路 QoS 路由选择协议也是建立在 on-demand 路由协议的基础之上。首先，在源节点发送路由请求包的过程中，收集从源节点到目的地节点之间的分散链路状态信息，发现从源节点到目的节点之间的多条中间节点不相交的路径；然后，通过计算每条路径的整合带宽和总的传输延迟，目的节点根据一定的路径选择策略，从备选的路径中选择若干条合适的路径；最后目的节点发送路径应答包给源节点，在每条被选择的路径上的各个中间节点预留必要的带宽。

4.2.1 服务质量路由发现

当源节点 source 收到一个带宽要求为 B、最大延迟界限为 D 的请求时，为了找出能够到达目的节点 destination 的多条中间节点不相交的路径，它广播一个 RREQ 给所有的邻居节点。RREQ 包含下列域：(source, destination, request_id, type, route, free_timeslot_list, B, TTL)。各个域的描述如下。

（1）source 表示源节点，destination 表示目的节点。

（2）request_id 表示请求的 id 序列号，<source, request_id>用于唯一标识一个路由请求包。

（3）type 表示包的类型，即 RREQ。

（4）route 用于记录从源节点到当前节点所经历的路径。

（5）free_timeslot_list 是链路的空闲时隙列表，列表中的每项记录着当前节点与 route 中的最后节点之间的公共空闲时隙。

（6）TTL 用于限制路径的长度，初始值设为 D。

当网络中一个节点收到源节点 source 发出的一个路由请求包 RREQ 时，如果该节点是目的节点 destination 时，则检查 route 与它以前收到的路径是否中间接节点不相交。如果中间节点不相交，则检查它与 route 中的最后一个节点之间是否有公共的空闲时隙。如果有公共的空闲时隙，则把它的地址加到 route 中，将公共的空闲时隙加到 free_timeslot_list 中，最后计算 route 的带宽和跳数；否则，丢弃这个 RREQ 包。

当该节点不是目的节点 destination 时，如果它以前见到过<source, request_id>，或者该节点的地址已在 RREQ 的 route 中，则丢弃这个 RREQ 包。如果它与 route 中最后一个节点之间没有公共的空闲时隙，或者 TTL 为零，则丢弃这个 RREQ 包；否则，把它的地址加到 route 中，将公共的空闲时隙加到 free_timeslot_list 中，将 TTL 减去 1，最后转发 RREQ 给所有邻居节点。

4.2.2 服务质量路径选择

在服务质量路径选择阶段，目的节点收集从源节点发出的多个路由请求包 RREQ

之后，采用非传统的时隙分配方法来计算路径带宽，以获得路径的最大可能带宽，然后选择合适的若干条路径来满足服务质量要求。最大跳带优先（largest hop-bandwidth first，LHBF）把带宽和跳数作为选择多条路径的两个主要因素，但在服务质量路径中，路由选择是以大的带宽作为路径选择的最主要的考虑因素，而最短距离是次要的。

在本章中，把带宽看成选择路径的主要因素，把跳数看成选择路径的次要因素，因此提出一种选择合适路径的策略——最大带跳带优先（largest bandwidth-hop-bandwidth first，LBHBF）方法。最大带跳带优先方法是把一条路径的跳带定义为该路径的跳数除以带宽，把一条路径的带跳带定义为该路径的带宽除以跳带。因此，在两条具有相同跳带的路径中，优先选择具有较大带宽的那条路径。

在 LBHBF 方法中，根据所有候选路径的带跳带值，按降序排列这些中间节点不相交的路径，然后选择排在前面的若干条条路径，这些路径的整合带宽恰好能满足调用的带宽要求。

4.2.3 服务质量路由应答

目的节点为每条被选路径生成一个路由应答包（RREP），并沿着与之相对应的 RREQ 中 route 相反的路径流向源节点。所有的 RREP 包含下列域：(source, destination, request_id, type, route, reserved_timeslot_list, bandwidth, hop_count)。各个域的描述如下。

（1）type 表示包类型，即 RREP。

（2）reserved_timeslot_list 记录 route 中所有链路预留的时隙列表。

（3）bandwidth 表示当前这条路径的带宽，即各条链路上所预留的时隙个数。

（4）hop_count 表示这条路径的链路数，即路径长度。

当网络中的一个中间节点收到 RREP 包时，根据 reserved_time_slot_list 来预留该节点的空闲时隙。然后，再将 RREP 向源节点的方向转发，直至到达源节点 source。当源节点 source 接收到来自目的节点 destination 的 RREP 包时，一条已经预留好带宽资源的路径就建立起来。当源节点 source 收到来自目的节点 destination 的多个 RREP，并且这些路径预留的带宽之和满足带宽要求时，多路 QoS 路径就已经建立起来，数据包可以在这些路径上并行地进行传播。

图 4.4 显示了一个分散链路状态的多路服务质量路由的例子,在图 4.4(a)中,目的节点接收到所有的路由请求包后,根据 LBHBF 方法,选择了两条中间节点不相交的路径 SABD 和 SGHD,这两条路径的带宽之和能够满足 5 个单位的带宽要求,延迟不超过 3 个单位。在路由应答包经过沿路各个节点返回源节点的过程中,各个节点预留所分配的时隙。如图 4.4(b)中用方框和灰色描绘的时隙表示路径中的各个节点所预留的时隙。

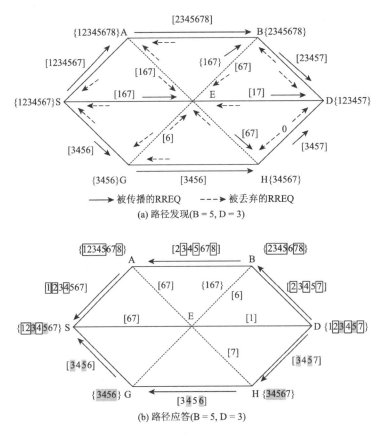

图 4.4 分散链路状态时隙分配的多路径服务质量路由过程

4.3.4 模拟实验与分析

1. 实验环境的建立

假设在 100 m×100 m 的区域内随机地分布 30 个移动节点,在整个模拟过程中节点和节点之间的无线传输范围被设定为 30 m。假设在网络中每个节点的数据时隙的数目是 16,节点平均移动速度是 2 m/s。在本章,网络负载被定义为系统中所有节点被占用的时隙的平均百分数。带宽要求分别为 6 个时隙。本章把中间节点不相交的多路(disjoint multi-path,

DMP)服务质量路由选择方法与非不相交的多路(non-disjoint multi-path,NMP)服务质量路由选择方法以及单路(uni-path,UP)服务质量路由选择方法进行比较。

2. 实验结果与分析

第一个实验比较采用了三种不同时隙分配的服务质量路由方法的调用成功率。调用成功率被定义为成功的服务质量路由请求的数目除以服务质量路由请求的总数。

图 4.5 显示随着网络负载的增加,三种服务质量路由方法的调用成功率均下降。这是因为随着网络负载的增加,越来越多的服务质量调用因为空闲时隙比较少,难以满足应用所需的服务质量带宽要求。在各种不同的网络环境下,多路服务质量路由方法的调用成功率都高于单路服务质量路由方法。尤其是当网络负载比较高时,多路方法的性能优势更为明显。DMP 方法的调用成功率略微高于 NMP 方法,因为多条中间节点不相交的路径能够提供分散的带宽资源预留,减少系统拥塞,降低丢失路由包的概率,从而提高了服务质量带宽请求的调用成功率。

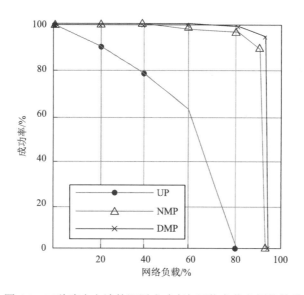

图 4.5 三种路由方法的调用成功率与网络负载之间的关系

第二个实验比较了两种多路服务质量路由方法消耗的网络资源的费用。假设路径 P_i 是目的节点所选择的路径集合 $\boldsymbol{P} = \{P_1, P_2, \cdots, P_k\}$ 中的一条路径,$bandwidth(P_i)$、$hop\text{-}count(P_i)$ 和 $hop\text{-}bandwidth(P_i)$ 分别表示路径 P_i 的带宽、跳数及其跳带值。一次调用消耗的网络费用被定义为

$$\text{Network Cost} = \sum bandwidth(P_i) \times hop\_bandwidth(P_i)$$
$$= \sum bandwidth(P_i) \times hop\_count(P_i) / bandwidth(P_i)$$
$$= \sum hop\_count(P_i)。$$

在图 4.6 中，当网络负载增加时，两种多路服务质量路由方法消耗的网络费用显著增加。另一方面，在相同网络负载的情况下，DMP 方法消耗的网络资源费用低于 NMP 方法。在中间节点不相交的多路服务质量路由选择方法中，带宽是选择路径的主要因素，因此跳数不会显著地影响网络费用。DMP 方法能提供更整合的带宽，需要的路径数目较少，所以消耗的网络资源比 NMP 方法少。

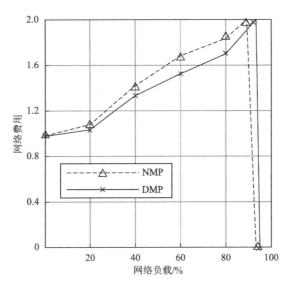

图 4.6　两种多路路由选择在网络费用与网络负载的关系（带宽要求 2 个时隙）

第5章 时分多址覆盖码分多址稳定的服务质量路由的时隙分配

在无线网络中，节点移动性造成频繁的拓扑变化，这会使得那些已经建立好的路径变得非常的不稳定。因此，在无线网络中如何找到稳定可靠的路径来进行信息传播，是一个非常重要的问题，特别是对于需要提供服务质量保证的路由协议来说更是如此。

近年来，带有带宽约束的多媒体应用的服务质量要求已成为移动无线网络的研究热点。本章把带宽看成最主要的服务质量量度的参数，这是因为带宽保证是实时应用中最重要的要求。在分时的无线网络中，带宽是用空闲时隙的数目来表示的。一般来说，服务质量路由协议的目标是在源节点到目的节点之间找到能够满足最小带宽要求的路径。为了确立带宽约束的路径，需要对每条可能路径上的各条链路的空闲时隙进行合适的分配。

在无线网络中，有必要研究稳定的服务质量路由协议，使发现的路径满足应用所需的服务质量要求，同时该路径尽可能稳定，能使数据传输持续相对比较长的时间，以充分利用无线网络中非常有限的带宽资源。由于无线网络中节点的移动性，最短路径不一定就是最佳路径。如果不考虑路由路径的稳定性，无线链路很容易中断从而导致路径中断。当一条路径中断时，必须要执行路径重新发现和路径维护步骤。但是，这些步骤将使用无线网络中原本有限的资源。为了减少路径发生中断的可能性，提高无线网络资源的利用效率，找到能持续较长时间的路径显得非常重要[74]。如果一个路径发现算法能够找到一条稳定可靠的路径，该路径可以进行数据分组的传输并持续较长时间，那么将大大减少路径重新发现的次数和路径维护的总开销。

在已有的按需式服务质量路由协议的基础上，本章提出了一种新的服务质量支持的路由模式，基于 CDMA-over-TDMA 信道通信模型的稳定的时隙分配的服务质量路由协议（stable QoS routing，SQR），它是一种按需式的单播路由协议，而第四章提出的是一种按需式的多路径服务质量路由协议，把服务质量路由问题与寻找稳定可靠的路径问题联系起来，使得所发现的路径既能够满足应用所需的服务质量带宽要求，同时数据分组能够在路径中稳定可靠地进行传输。模拟结果显示，在节点高速移动的无线网络环境中，与 Lin 在文献[37]中提出的传统的服务质量路由协议相比较,本章提出时隙分配的 SQR 在不完全连接率和调用成功率等方面,性能均有显著的提高。

5.1 路径带宽的计算

在路由协议中,服务质量支持最为关键的问题就是带宽计算问题和带宽预留问题。在路由层中,要知道链路的可用带宽,需要有 MAC 层的支持。在本节中,假设 MAC 层采用的是 CDMA-over-TDMA 信道模型。通过在 TDMA 上覆盖 CDMA,网络中的每个节点使用不同的正交代码进行数据传输,这样两个互为隐藏终端的节点即使使用相同的时隙来进行传输,因为采用的正交代码不同,因此不会在接收节点处发生冲突,从而避免了隐藏终端问题的干扰。

为了能够给无线网络中的数据传输提供服务质量支持,必须给每个实时的连接分配一条虚电路,这条路径上的所有节点都要为该虚电路预留所需带宽,在数据传输过程中使用这些被预留的带宽,完成数据分组传输后释放这些带宽资源。在分时无线网络中,服务质量的带宽要求用时隙的单位数目来表示,延迟的界限则用路由路径所经过的跳数来衡量。延迟的界限将在路由请求消息中设成参数 *TTL*,用来限制路由寻径时的查找范围。在分时的无线网络网中,两个相邻节点 A 和节点 B 的公共空闲时隙的集合被定义为链路带宽,即通过式(5-1)来计算链路带宽。

$$link\_BW(A, B) = free\_slot(A) \cap free\_slot(B) \quad (5\text{-}1)$$

式中,$link\_BW(A, B)$,$free\_slot(A)$ 表示节点 A 的空闲时隙的集合,$free\_slot(B)$ 表示节点 B 的空闲时隙的集合。

一般来说,在分时无线网络中要想计算一条路径的可用带宽,不仅需要知道沿路上各条链路的可用带宽,还需要确定在各条链路上这些空闲时隙的调度方法。Lin 等提出了一种计算路径带宽的算法,并分以下两个步骤来实现对一条路径上带宽资源的预留。

第一步,讨论相邻两条链路之间是否存在公共空闲时隙的几种特殊情况乃至一般情况,给出在一般情况下如何计算路径上可用带宽(空闲时隙)的算法。其主要思想是优先计算分配路径上相邻两条链路非公共部分的空闲时隙,然后再加上公共部分空闲时隙的个数的二分之一取整,这是因为一个节点不能在同一时隙内进行发送和接收数据信息。依此类推,直至计算完整条路径的可用带宽。

第二步,按照下列的三种情况讨论在路径的各条链路上如何进行时隙分配。

(1) 路径上的各节点需要预留和它下游（down-stream）节点相同的时隙来传输数据信号。

(2) 路径上的每个中间节点需要检查自己是否有空闲时隙可以接收上游（up-stream）节点传来的信号，同时也需要检查自己是否有空闲时隙能够将信号继续转发给下游节点。也就是说，下游节点必须使用和上游节点发送信号时完全相同的时隙来收听数据信号。

(3) 目的节点只需要预留和它上游节点相同的时隙来接收数据信号。

为了支持本节提出的稳定的时隙分配的服务质量路由协议，将 Lin 等[36]提出的带宽计算与时隙分配算法进行了扩展和改进，沿路上的各节点只需要传输路由请求包以及它所遍历的那些链路的链路状态信息（链路带宽），沿路各节点不需要参与路径带宽的计算与各链路时隙的分配，改由目的节点进行路径带宽的计算以及各链路时隙的分配。

在目的节点处，如果计算出来的路径带宽之和不能满足服务质量带宽要求时，目的节点必须根据已有路径的时隙分配情况，为新到达的路由请求包中所显示的一条路径分配空闲的时隙，使得确定的路径的总带宽能够满足服务质量带宽要求。最后目的节点通过向源节点传输路由应答包在所选定的路径上预留必要的带宽资源，为数据信息的传输做好准备。

5.2 路径到期时间的计算

在 Rappaport 等提出的空间传输模型（space propagation model，SPM）[75]中，接收节点收到的数据信号的强度仅仅依赖于它与传输节点之间的距离。假设在无线网络中，所有节点通过使用 GPS 时钟能够保持精确同步。如果知道两个相邻节点的运动参数，就可以很容易地计算出这两个节点保持连接的链路到期时间（link expiration time，LET）。

一条链路的稳定性是用链路到期时间 LET 来衡量的。假设网络中两个节点 A 和 B 都在彼此的相同的传输范围内，(x_1, y_1) 表示节点 A 的坐标，(x_2, y_2) 表示节点 B 的坐标。v_1 和 v_2 分别表示两个节点移动的速度，θ_1 和 θ_2 分别表示两个节点移动的方向（$0 \leq \theta_1, \theta_2 < 2\pi$）。节点 A 和节点 B 之间的 LET 可以通过式（5-2）来获得。

$$LET = \frac{-(ab+cd) + \sqrt{(a^2+c^2)r^2 - (ad-cb)^2}}{a^2 + c^2} \quad (5\text{-}2)$$

式中：$a = v_1 \cos\theta_1 - v_2 \cos\theta_2$；$b = x_1 - x_2$；$c = v_1 \sin\theta_1 - v_2 \sin\theta_2$；$d = y_1 - y_2$。

从式（5-2）中可以发现，当 $v_1 = v_2$ 并且 $\theta_1 = \theta_2$ 时，*LET* 趋近于无穷大，链路将会非常稳定。在这条稳定的链路上传输数据信息将是非常可靠的，不会因为节点的移动性而导致链路失效。

为了获取网络中节点的位置信息，在路由请求包中必须包括额外的一些域。当源节点发送出一个路由请求包时，必须把它的位置、方向和速度等信息添加到路由请求包中。因为只有包括了这些额外的域，当源节点的下一跳节点接收到路由请求包时，才能预测出它和源节点之间的 *LET*。

同样的道理，在路由过程中每个收到并且将转发路由请求包的中间节点都必须把自己的位置、方向和速度等信息添加到请求包中相应的域中，使得收到路由请求包的每个下游节点都能够根据式（5-2），预测出它与上游节点之间的 *LET*。

当目的节点收到路由请求包时，就获得沿路各条链路的 *LET*。路径到期时间被定义为路径中所有链路到期时间的最小值。路径到期时间越大的路径就越稳定，数据信息在该路径上传输就越稳定可靠。

5.3 稳定的时隙分配的服务质量路由协议

本节对基于 CDMA-over-TDMA 信道模型的无线自组网的按需式 QoS 路由协议进行扩展，把服务质量路由问题和搜索稳定的路径问题联系在一起，提出一种稳定的按需式 QoS 路由协议。

时隙分配的 SQR 协议是一种针对单播情况的按需式路由协议。节点不需要维护整个网络的路由表，而是按需式采用洪泛的方式进行路由发现。带宽要求以时隙为单位表示，延迟的界限则由路由路径的跳数来衡量。延迟的界限将在路由请求包中设成参数 *TTL*，用来限制路由过程中寻径的查找范围。SQR 协议是由路径发现、路径选择和带宽预留这三个不同阶段组成。

像传统的按需式路由协议 DSR 和 AODV 一样，源节点只有在需要的时候才广播路由请求包，用来寻找到达目的节点的路径。与将时隙的分配和时隙的预留放在路由发现阶段一同考虑的那些协议不同，本章提出新的路由模式。首先，由路由请求包收集链路状态信息和沿路中间节点的位置、速度等信息，然后由目的节点根据路径到期时间来选择最稳定的路径，满足应用所需的服务质量带宽要求，并为所选路径分配相应的时隙。最后，在选定的服务质量路径上预留必要的时隙资源，并为数据传输做好准备。

5.3.1 路径发现

如果源节点 S 收到来自应用层的请求,要求与目的节点 D 进行通信,则源节点 S 首先准备好一个服务质量路由请求包(QREQ),然后将它广播给自己的所有邻居节点。服务质量路由请求包经过邻居节点的转发,直至到达目的节点 D。

每一个服务质量路由请求包必须记录它所遍历路径的节点历史信息,以及所有的链路状态信息。因此,链路状态信息将随着服务质量路由请求包从源节点传输到目的节点。目的节点可以从服务质量路由请求包中收集路径上各条链路的状态信息。目的节点收到的每个 QoS 路由请求包遍历了不同的路径。但是,最终稳定的 QoS 路径由目的节点根据它收到的 QREQ 包中的信息做出选择。源节点产生的 QREQ 包的格式如下。

(*Type*, *S*, *D*, *id*, *Node History*, *Free Timeslot*, *B*, *LI*, *LET*, *Hop Count*, *TTL*)

下列是 QREQ 包各个字段的含义。

(1)字段"*Type*"是指分组的类型,可以是 QREQ。

(2)字段"*S*"表示源节点的地址。

(3)字段"*D*"表示目的节点的地址。

(4)字段"*id*"表示分组的序列号。节点可以通过信息对(*S, D, id*)对包进行标识,用来检测陈旧请求的重复分组和过时的缓存路径信息。

(5)字段"*Node History*"记录从源节点到当前节点所遍历的路径上的节点的历史信息。

(6)字段"*Free Timeslot*"记录着字段"*Node History*"中的每个节点与上一跳邻居节点的公共的空闲时隙信息的集合,即链路带宽。

(7)字段"*B*"表示从源节点到目的节点的路径带宽要求,即应用所需要的服务质量带宽要求。

(8)字段"*LI*"表示移动节点的位置信息(location information,LI),包括节点的坐标、移动速度和移动方向等信息。

(9)字段"*LET*"包含各条链路的链路到期时间。

(10)字段"*Hop Count*"表示当前所遍历路径的跳数。源节点处设置跳数为 0,每经过一个中间节点时,跳数自增 1。

(11)字段"*TTL*"表示搜索路径跳数的限制,可以作为延迟的界限。从源节点发出

QREQ 包，每经过一个中间节点时，TTL 自减 1。当 TTL 的值减为 0 时，表示已经到了延迟的界限，该 QREQ 包不能继续传输给邻居节点了，找到的路径将废除，同时丢掉该 QREQ 包。

当网络中的某个中间节点接收到来自邻居节点的一个 QREQ 包时，它将检查包的序列号 id。如果该节点以前收到过相同序列号的 QREQ 包，或者该节点的地址出现在它所收到的 QREQ 包中的 "Node History" 字段中，则丢掉这个 QREQ 包，该节点不会将其继续往下传。否则，该节点将检查自己与上一跳邻居节点之间是否存在公共的空闲时隙。

如果两个节点之间存在公共的空闲时隙，而自己又不是目的节点，则根据 QREQ 包中的位置信息和它自己的位置信息，通过 5.2 节中介绍的式（5-2）来计算 LET。然后，将字段 "TTL" 的值减去一，将字段 "Hop Count" 的值加上一。如果 "TTL" 的值大于 0，则这个中间节点将继续转发 QREQ 包给所有邻居节点，直至该 QREQ 包最终到达目的节点 D；否则，丢弃这个 QREQ 包，不再继续向下传播给周围邻居节点。

在 QREQ 包的转发过程中，沿路各节点（包括源节点 S）的位置信息必须包括在 QREQ 包的 "LI" 字段中，以便计算路径中各条链路的链路到期时间 LET，最后由目的节点计算出路径到期时间（route expiration time，RET）。

以图 5.1 为例，每个节点最开始具有各自集合中所设定的那些空闲时隙。例如源节点 S 的空闲时隙集合是 $\{1, 2, 3, 4, 5, 6\}$。如果源节点 S 准备传输带有服务质量带宽要求的数据信息给目的节点 D，则开始进行以下几个步骤的路径发现操作。

第一步：源节点 S 广播 QREQ 包给它的所有邻居节点，假设应用所需的带宽要求是 b，延迟界限为 TTL。

第二步：假设中间节点 N 收到一个 QREQ 包，如果以前曾经看到过（S, D, id），或者节点 N 在 "Node History" 字段中出现，则丢到 QREQ 包；否则，检查它与上一跳节点之间是否有公共的空闲时隙。

第三步：如果中间节点 N 与上一跳邻居节点之间存在公共的空闲时隙，则更新 QREQ 包中的一些字段。首先将字段 "TTL" 减一，并且将字段 "Hop Count" 加一。如果 TTL 的值减到了零，则丢掉这个 QREQ 包，并且不再转发给任何节点，这是因为超出了应用要求的延迟界限。然后把中间节点 N 的地址加入字段 "Node History" 中，把 N 与上一跳邻居节点的公共的空闲时隙加入字段 "Free Timeslot" 中，把 N 的位置等信息加入字段 "LI" 中。根据 5.2 节中介绍的式（5-2）来计算 N 与上一跳节点之间的链路到期时间，并把链路到期时间加入字段"*LET*"中。最后,将新的 QREQ 包转发给节点 N 的所有邻居。

第四步:以上操作一个节点一个节点的重复下去,直到 QREQ 包到达目的节点 D。

当 QREQ 包到达目的节点 D 后,就找到了一条从源节点 S 到目的节点 D 的路径。目的节点 D 将保留该条路径的有关信息,例如路径由哪些节点组成,各条链路有哪些空闲时隙,各条链路的链路到期时间是多少等等。目的节点 D 将等待一段时间,可能收到来自源节点的多个不同的 QREQ 包。根据 QREQ 包中字段"*LET*"的信息,目的节点 D 将计算从源节点 S 到它自身的每条路径的 *RET*。路径到期时间 *RET* 是路径中所有 *LET* 的最小值。

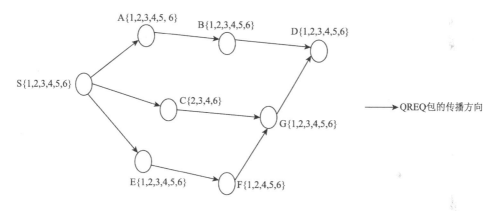

图 5.1 QREQ 的传递和链路状态信息的收集

一条路径的稳定性不仅仅与路径到期时间有关,还与路径的跳数有关。因为越长的路径越容易受到网络拓扑变化的影响,并且服务质量也越难以得到有效的保障。因此,可以用 *RET* 与路径跳数之比来评估所发现路径的稳定性。通过选择具有最大比值的路径,即路径到期时间尽量大,而路径的跳数尽量小,使得所选择的服务质量路径有较高的稳定性和较低的传输延迟。

例如,在图 5.2 所显示的路径发现过程中,源节点 S 广播 QREQ 包之后,目的节点 D 最终将发现三条候选路径:(S, A, B, D)、(S, C, G, D) 和 (S, E, F, G, D)。目的节点 D 通过接收到的 QREQ 包中的信息收集到每条路径上各条链路的空闲时隙。这三条路径上的链路带宽的最小值分别是 6、4 和 5 个时隙,所以各条路径带宽分别是 6、4 和 5 个时隙。各条路径的最小链路到期时间通过 QREQ 包中的字段"*LET*"获取,分别是 15、30 和 32,因此各条路径的路径到期时间分别是 15、30 和 32。

在图 5.2 所显示的三条可行路径中，根据路径到期时间除以路径跳数，这三条可行路径的稳定性评估值分别是 5、10 和 8。值得注意的是，路径到期时间最大的路径（S, E, F, G, D）不一定就是最佳路径，因为还需要考虑路径的延迟问题。因此，在图 5.2 显示的这个例子中，最佳的路径应该是（S, C, G, D）。因为该路径的路径到期时间与路径跳数之比最大，说明这条路径有较高的稳定性和较小的传输延迟。

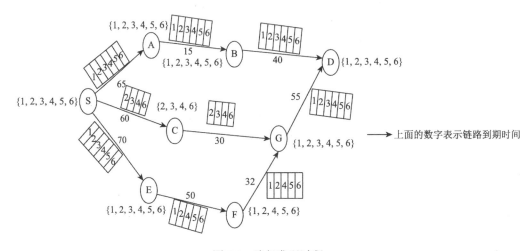

图 5.2　路径发现过程

5.3.2　路径选择

为了找到满足带宽要求的路径，目的节点需要根据 QREQ 包中的链路带宽信息来计算路径的可用带宽，并为路径上的每条链路分配空闲时隙。根据当前网络中的带宽资源是否充足，由目的节点确定选择单路或多路服务质量路径，然后执行路径带宽预留操作。路径选择过程主要根据每条候选路径的路径到期时间与跳数之比。比值越小的路径稳定性就越低，该路径中节点越有可能发生移动，从而造成链路中断。因此，应该尽可能地选择满足服务质量带宽保证的最稳定的路径，优先选择路径到期时间与跳数之比最大的路径。

当目的节点收到 QREQ 包后，先选择最稳定的路径，并将该路径中的最小链路带宽与服务质量带宽要求 b 的两倍进行比较。如果最小链路带宽大于或等于 b 的两倍，则采用单路路由模式来满足服务质量带宽要求。如果最小链路带宽小于 b 的两倍，则考虑采用多路路由模式来满足服务质量带宽要求，将这个链路带宽加入最小链路带宽之和中。然后目的节点选择第二稳定的路径，直至最小链路带宽之和大于或等于 b 的两倍。最后根据单路或多路服务质量路径选择策略,目的节点 D 向源节点 S 发送一个或多个服务质量路径应答(QREP)包,预留所选择的路径上各节点的带宽。

5.3.3 时隙分配预留

目的节点 D 确定合适的服务质量路径后,它将发送 QREP 包来进行带宽预留。QREP 包由以下字段组成。

(*Type*,*S*,*D*,*id*,*Node History*,*Rev Timeslot*,*B*)

下列是 QREQ 包各个字段的含义。

(1)字段"*Type*"是指包的类型,可以是 QREP。

(2)字段"*S*"表示源节点的地址。

(3)字段"*D*"表示目的节点的地址。

(4)字段"*id*"表示包的序列号,节点可以通过信息对(*S*, *D*, *id*)对包进行标识。

(5)字段"*Node History*"表示节点的列表,记录从源节点到目的节点所经历的路径上的所有节点。

(6)字段"*Rev Timeslot*"包含从源节点到目的节点的路径上各条链路预留的时隙集合。这些时隙在路径选择阶段由目的节点确定。

(7)字段"*B*"表示从源节点到目的节点的带宽要求。

时隙分配预留又分为单路径时隙分配预留和多路径时隙分配预留两种情况。

1. 单路径时隙分配预留

在图 5.3 所示的单路路由应答和带宽预留过程中,如果服务质量带宽要求是 2 个时隙,即 $B=2$,则目的节点 D 将选择最稳定的路径(S, C, G, D)。该路径的最小链路带宽是 4 个时隙,等于服务质量带宽要求 B 的两倍,因此能够在该路径的每条链路上预留 2 个时隙。

在图 5.3 中,在链路(S, C)上分配时隙 2 和 3,链路(C, G)上分配时隙 4 和 6,链路(G, D)上分配时隙 1 和 2,网络拓扑的信息也随之发生改变。目的节点 D 确定每条链路的预留时隙后,沿着相反路径(D, G, C, S)向源节点 S 发送 QREP 包。当路径上的每个节点收到 QREP 包时,将根据 QREP 包中的信息(通过字段"*Rev Timeslot*"获取)预留相应的时隙,图中灰色方格表示被预留的时隙。

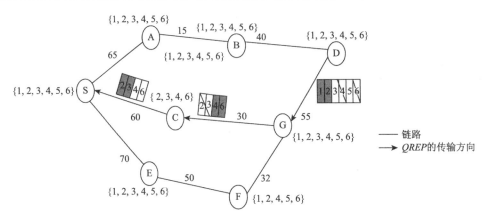

图 5.3 单路路由应答和时隙分配预留过程

源节点 S 收到目的节点 D 应答的 QREP 包后,路径上的每个节点都按照服务质量带宽要求预留了相应的 2 个时隙。网络中该路径上各节点的空闲时隙信息也将发生改变。在图 5.4 中,源节点 S 将使用这条路径以及各节点已经预留的时隙来传输数据信息。因为路径(S, C, G, D)沿路各个节点预留了部分时隙来传输数据,这些节点的空闲时隙的数目相对于图 5.3 来说有所减少。

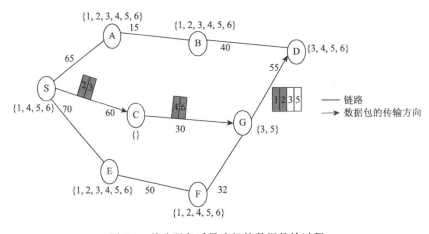

图 5.4 单路服务质量路径的数据传输过程

2. 多路径时隙分配预留

当网络中的带宽资源非常有限或者服务质量带宽要求比较高时,可能没有任何一条路径能够满足服务质量带宽要求,这时可以考虑使用多条并行的路径来满足服务质量带宽要求。

例如,图 5.5 显示的是服务质量带宽要求为 3 个时隙的路径预留的例子,即 $B = 3$。

首先,目的节点 D 将选择最稳定的路径(S, C, G, D)。然而,通过比较发现,路径(S, C, G, D) 的最小链路带宽小于服务质量带宽要求 b 的两倍,这意味着该路径不能满足服务质量带宽要求。因此,目的节点 D 将使用多条并行路径来传输需要服务质量带宽保证的数据信息。

目的节点 D 选择路径到期时间与跳数之比第二大的路径(S, E, F, G, D),然后将两条路径(S, C, G, D)和(S, E, F, G, D)的最小链路带宽之和与 QoS 带宽要求的两倍进行比较。如果前者大于或等于后者,则目的节点 D 将选择这两条路径。接着根据服务质量带宽请求,确定这两条路径上各节点的带宽预留。目的节点首先选择链路带宽比较大的那条路径先进行带宽分配和预留,然后再选择链路带宽比较小的路径,进行带宽分配和预留。

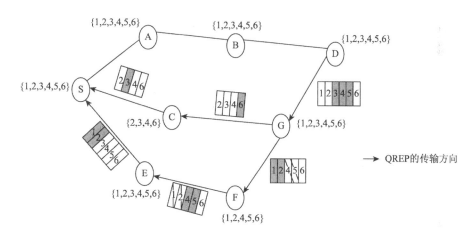

图 5.5 多路路由应答和带宽预留过程

在图 5.6 所示的多路路由应答和带宽预留过程中,目的节点 D 首先对路径(S, E, F, G, D)进行带宽分配,该路径的最小链路带宽是 2 个时隙。在无线网络中,为了避免传输之间的冲突,任何一个节点不能在同一个时隙内同时传输和接收,任何相邻的两条链路也不能分配同一个时隙。因此,链路(S, E)可以选择时隙 1 和 2,链路(E, F)选择时隙 4 和 5,链路(F, G)选择时隙 1 和 2,链路(G, D)选择时隙 3 和 4。也就是说,路径(S, E, F, G, D)可以预留 2 个时隙的带宽。值得注意的是,网络的拓扑信息发生改变,必须标识那些被预留的时隙。然后给另一条路径(S, C, G, D)分配 1 个时隙的带宽。链路(S, C)分配时隙 3,链路(C, G)分配时隙 6,链路(G, D)分配时隙 5。这样两条路径预留的带宽之和恰好能够满足服务质量带宽要求 B,两条路径总共预留了 3 个时隙的带宽资源,满足了应用所需的要求。

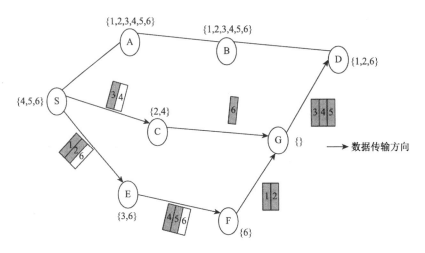

图 5.6 多路 QoS 路径的数据传输过程

5.3.4 模拟实验和性能分析

本小节将稳定的时隙分配的 SQR 协议与 Lin 提出的服务质量路由协议进行模拟和比较，主要从不完全连接率、平均端到端的延迟和调用成功率等方面研究 SQR 协议的特性。Lin 所提出的协议用 Lin 来表示。

假设在 1000 m×1000 m 的矩形区域内随机放置着 20 个移动节点，每个节点的无线传输范围是 400 m。如果两个节点在彼此的传输范围内，则两个节点之间就有一条无线链路。假设所有移动节点的最大速度在 4～20 m/s。每个节点选择一个任意的位置，然后以随机选择的速度（0～最大速度）向任意方向移动，停留预先定义的一段时间后，节点再向新的任意的方向移动，即节点的移动模型为 Random Waypoint Model。模拟参数见表 5.1。

表 5.1 模拟实验参数

参数	数值及单位
模拟区域范围	1000 m×1000 m
移动节点的数目	20 个
无线电传输范围	400 m
移动模型	random waypoint
移动速度	4～20 m/s
暂停时间	0 s
数据时隙的数目	16 个

续表

参数	数值及单位
数据时隙的长度	5 ms
控制时隙的数目	20 个
控制时隙的长度	0.1 ms
数据发送速率	4 Mbps
数据包的大小	20 Kbytes

假设每个节点拥有的数据时隙数目设定为 16 个，每个数据时隙的长度为 5 ms，控制时隙数目为 20 个。控制时隙数目与网络中节点的数目相同。控制时隙的长度为 0.1 ms，因此一个帧的长度为 $16 \times 5 + 20 \times 0.1 = 82$ ms。假设数据传输率为 4 Mbps，每个数据包的大小为 20 Kbytes，确保一个数据包可以在一个时隙中传输。

在模拟实验中，网络中的负载被设置为 25%～75%。这里负载被定义为网络中所有节点时隙被占用的平均百分数。在模拟实验过程中，将随机产生通信流量使网络负载处在某一指定水平。

整个模拟实验过程中，每一次服务质量请求按照如下方式产生。首先，在网络中随机选择源节点和目的节点。然后，将延迟范围设定为源节点和目的节点之间最短路径的跳数的两倍。服务质量请求有两类不同的带宽要求，分别是 2 和 4 个时隙。也就是说，在传输过程中分别需要 2 和 4 个时隙进行通信，分别代表服务质量请求带宽要求比较低和带宽要求比较高这两种情况。如果一个服务质量路由请求获得成功，那么为该路径预留的时隙将用于数据包的传输。由于节点的移动性，已经建立好的服务质量路径很有可能因为链路中断而导致路径中断，这时可以采用完全重建路径的方法进行路径维护。当源节点收到中断链路的上游节点发来的路由出错包时，它将重新执行路由发现操作以建立新的服务质量路径。最后，当数据包传输过程结束时，释放原先所预留的时隙。如果一个包在节点中的排队延迟时间超过 4 个帧就丢弃这个包。下面通过四组模拟实验对比节点移动性对不完全连接率、端到端平均延迟、调用成功率的影响，以及节点在移动速度相同的情况下，不同网络负载对调用成功率的影响，图 5.7～图 5.9 中显示的数值是实验运行 100 次后取的平均值。

1. 节点移动性对不完全连接率的影响

在第一组模拟实验中，比较了不同时隙分配的服务质量路由协议的不完全连接率。不完全连接率被定义为发生中断的连接数目除以成功连接的服务质量路由请求的数目。一个成功连接的部分数据包可能会由于拓扑的改变而丢失，但如果能够重新建立新的服务质量

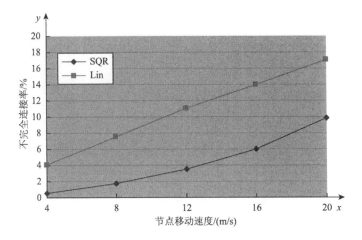

图 5.7 节点移动性 vs.不完全连接率

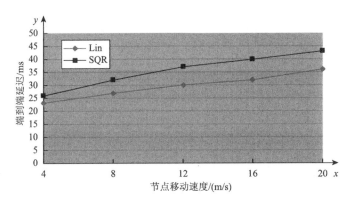

图 5.8 节点移动性 vs.端到端延迟

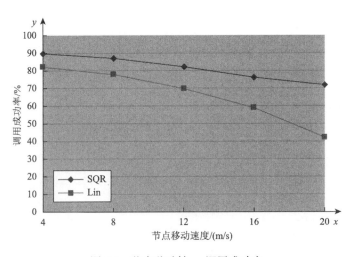

图 5.9 节点移动性 vs.调用成功率

路径使得 90%的数据包到达目的地，则称这个连接是完全的。在模拟实验中，仅允许源节点重新执行路径发现操作一次，因为重建新的服务质量路径需要更多的路由开销。

模拟实验结果如图 5.7 所示，移动节点的数目是 20，QoS 路由请求的数目是 20，网络负载是 38%，即各节点平均空闲时隙数目是 10，带宽要求是 2 个时隙。在图 5.7 中，x 轴表示网络中节点的最大移动速度，y 轴表示不完全连接率。从图 5.7 中可以观察到以下结果。

不完全连接率随移动速度的增加而提高，这是因为高的节点移动速度将会导致更多的路径发生中断。当节点移动速度为 4 m/s 时，SQR 协议和 Lin 协议分别有 0.5%和 4%的连接是不完全的；当节点移动速度为 8 m/s 时，SQR 协议和 Lin 协议分别有 1.8%和 7.5%的连接是不完全的；当节点移动速度为 12 m/s 时，SQR 协议和 Lin 协议分别有 3.5%和 11.1%的连接是不完全的；当节点移动速度为 16 m/s 时，SQR 协议和 Lin 协议分别有 6.1%和 14.1%的连接是不完全的；当节点移动速度提高到 20 m/s 时，SQR 协议和 Lin 协议分别有 9.8%和 17%的连接是不完全的。

与 Lin 协议相比较，SQR 协议有较低的不完全连接率。当节点的移动速度增高时，已经建立好的服务质量路径更有可能发生中断。SQR 协议在节点高速移动的网络环境中有相对较低的不完全连接率，一方面是由于 SQR 协议使用多条路径来传输数据。即使一条路径中断，还有其他路径传输数据包，因此多路路由方法提高了路径的健壮性。另一方面是由于 SQR 协议建立的服务质量路径更加稳定，因此，在一定程度上减少了节点移动性对它的影响。

2. 节点移动性对端到端平均延迟的影响

在第二组模拟实验中，比较了不同服务质量路由协议的平均端到端延迟。平均端到端延迟被定义为数据包从源节点出发至到达目的节点的平均延迟时间。

模拟实验结果如图 5.8 所示，移动节点的数目是 20，服务质量路由请求的数目是 20，网络负载是 38%，即各节点平均空闲时隙数是 10，带宽要求是 2 个时隙。在图 5.8 中，x 轴表示网络中节点的最大移动速度，y 轴表示平均端到端延迟。从图 5.8 中可以观察到以下结果。

当节点移动速度为 4 m/s 时，SQR 协议和 Lin 协议分别有 25.5 ms 和 22.8 ms 的端到端的传输延迟；当节点移动速度为 8 m/s 时，SQR 协议和 Lin 协议分别有 32.2 ms 和 27 ms

的端到端的传输延迟；当节点移动速度为 12 m/s 时，SQR 协议和 Lin 协议分别有 37 ms 和 30 ms 的端到端的传输延迟；当节点移动速度为 16 m/s 时，SQR 协议和 Lin 协议分别有 40 ms 和 32 ms 的端到端的传输延迟；当节点移动速度为 20 m/s 时，SQR 协议和 Lin 协议分别有 43 ms 和 36.2 ms 的端到端的传输延迟。

两种协议的平均端到端延迟都随移动速度的增加而增加。这是因为当节点的移动速度增加时，已经建立的服务质量路径更容易发生中断，源节点需要重新执行路径发现操作，因而造成更多的数据包端到端的传输延迟。

与 Lin 协议相比较，SQR 协议有较高的平均端到端延迟。这是因为 SQR 协议选择较长的服务质量路径，该路径比 Lin 协议发现的服务质量路径更加稳定。因此，在节点高速移动的无线网络环境中选择更加稳定的服务质量路径，这在一定程度上增加了端到端的传输延迟。

3. 节点移动性对调用成功率的影响

在第三组模拟实验中，比较了不同服务质量路由协议的调用成功率。调用成功率被定义为成功的服务质量路由请求的数目除以服务质量路由请求的总数，即服务质量路径成功建立的概率。

模拟实验结果如图 5.9 所示，移动节点的数目是 20，服务质量路由请求的数目是 20，网络负载是 38%（即各节点平均空闲时隙数是 10），带宽要求是 2 个时隙。在图 5.9 中，x 轴表示网络中节点的最大移动速度，y 轴表示服务质量会话请求的调用成功率。从 5.9 图中可以观察到以下结果。

当节点移动速度为 4 m/s 时，SQR 协议和 Lin 协议分别有 90%和 82%的调用成功率；当节点移动速度为 8 m/s 时，SQR 协议和 Lin 协议的调用成功率下降为 87.5%和 78%；当节点移动速度为 12 m/s 时，SQR 协议和 Lin 协议的调用成功率下降为 81.5%和 70%；当节点移动速度为 16 m/s 时，SQR 协议和 Lin 协议的调用成功率下降为 78.8%和 59.8%；当节点移动速度为 20 m/s 时，SQR 协议和 Lin 协议的调用成功率只有 72%和 41.8%。

两种协议的调用成功率都随移动速度的增加而减少。这是因为在节点高速移动的网络环境中，路由应答包返回到源节点之前，目的节点所发现的服务质量路径有可能发生中断，从而导致成功的服务质量路由请求的数目减少，所以各协议的调用成功率下降。

在节点移动速度相同的情况下，与 Lin 协议相比较，SQR 协议有较高的调用成功率。这是因为 SQR 协议所采用的多路径路由模式大大降低了系统的拥塞率，而采用单路径路由模式的 Lin 协议在中间节点不满足带宽要求时丢掉服务质量路由请求包,有较低的调用成功率。因此,多路路由方法有助于提高发现服务质量路径的成功率。

当节点移动速度提高时,SQR 协议的调用成功率下降得比较缓慢。SQR 协议发现稳定的服务质量路径受节点移动性的影响较小,因此有更多的路由应答包能够返回到源节点,成功的服务质量路由请求的数目较多。因此在节点移动速度较高的情况下,SQR 协议的调用成功率明显高于 Lin 协议。

4. 网络负载对调用成功率的影响

在第四组模拟实验中,比较了节点在移动速度相同的情况下,不同网络负载对调用成功率的影响。

模拟实验结果如图 5.10 所示,移动节点的数目是 20,服务质量路由请求的数目是 20,网络中节点的最大移动速度是 4 m/s,负载设置为 25%~75%,带宽要求分别是 2 和 4 个时隙,分别表示服务质量带宽要求低和高这两种情况。在图 5.10 中,x 轴表示网络负载,y 轴表示调用成功率。从图中可以观察到以下结果。

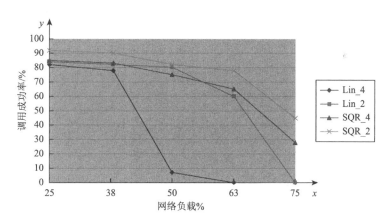

图 5.10 网络负载 vs.调用成功率(横坐标是网络负载,纵坐标是调用成功率)

(2) 当带宽要求比较高时,例如带宽要求为 4 个时隙时,网络负载为 25%时,SQR 协议和 Lin 协议的调用成功率分别为 83.5%和 82%;网络负载为 38%时,SQR 协议和 Lin 协议的调用成功率分别为 82%和 78.2%;网络负载为 50%时,SQR 协议的调用成功率为 74.6%,Lin 协议的调用成功率明显下降为 7%,这是因为在网络负载比较重且带宽要求比较高的情况下,采用单路径时隙分配的 Lin 协议更加难以找到满足服务质量要求的路径。

（2）当带宽要求相同时，随着网络负载的增加，各种协议的调用成功率减少。这是因为当网络负载很低时，每个节点中大多数时隙是空闲的，所以各协议的调用成功率都很高；当网络负载增加时，节点平均空闲时隙数目减少，没有足够的空闲时隙来满足应用所需的服务质量带宽要求，越来越多的服务质量路由请求包被丢弃，因此各服务质量路由协议的调用成功率明显下降。

（3）当网络负载相同时，随着带宽要求的增加各种协议的调用成功率减少。这是因为带宽要求越高的服务质量路由请求越难得到满足。

SQR 协议采用了多路路由方法，并且选择稳定的路径来满足应用所需的服务质量要求，在网络负载比较高或服务质量带宽要求比较高的情况下，该协议显著提高了发现服务质量路径的成功率。

第 6 章　基于时分多址避免冲突的服务质量路由协议的时隙分配

本章讨论基于 TDMA 信道模型的无线自组网中 QoS 支持的路由问题。与 TMDA-over-CDMA 信道模型相比较，TDMA 信道模型更为实用且没有代码分配的开销，但会带来隐藏终端问题和暴露终端问题的约束。本章提出适用于较重通信负载或较高节点移动性环境的避免冲突的时隙分配的 QoS 路由（conflict-free QoS routing，CFQR）协议。此外，还研究了一些优化方法，如扩展到多路以提高服务质量路由协议的性能。模拟结果显示，在通信负载较重或节点移动速度较快的网络环境中，本章提出的避免冲突的时隙分配的服务质量路由协议提高了分组传输率，并使网络资源得到了更有效的利用。

在无线自组网中，由于两跳以内的无线信号传输可能会相互干扰，信道预留是避免干扰的最好方法，保证服务质量的最佳方法是进行合适的资源预留[76]。

6.1　时隙预留的冲突

在基于 TDMA 的网络环境中，节点之间使用单一的信道来进行通信。一个 TDMA 帧由一个控制阶段和一个数据阶段组成。控制阶段是用来实现所有的控制功能，例如时隙和帧的时钟同步、功率测量、代码分配、链路建立、时隙请求等等，数据阶段主要用于数据包的传输。给网络中的每个节点分配一个控制时隙，使节点可以使用控制时隙传输控制信息，但是，网络中不同的节点必须通过竞争来使用数据阶段的数据时隙来传输数据信息。目前，研究人员提出了许多基于 TDMA 无线自组网的带宽资源预留算法，以满足提供服务质量保证的传输需要，其中大多数协议在服务质量路由的时隙分配的过程中考虑了隐藏终端问题带来的干扰。因此，在建立的单条服务质量路径中各条相邻链路之间不会出现时隙预留冲突的情况。但是，当网络中的负载较重，即有多个 QoS 要求的会话同时存在，或者当节点有较快的移动速度时，已经建立好的多条服务质量路径之间很有可能由于时隙预留冲突问题造成数据信息的传输性能下降。下面介绍在网络负载较高或节点移动速度较快的情况下，已经建立好的多条 QoS 路径之间可能产生的时隙预留冲突的情况。

基于 TDMA 无线自组网的带宽预留的服务质量路由协议是建立在按需式路由协议的基础之上，节点之间需要进行数据通信时才会产生路由的控制总开销。当源节点 S 收到应用层的一个服务质量请求，要求向目的节点 D 发送数据信息时，源节点 S 开始执行服务质量路径发现过程。源节点 S 首先判断它是否有充足的空闲时隙可以用于传输信息到它的邻居，然后广播一个服务质量路由请求包 QREQ($S, D, id, B, x, PATH, NH$)给自己的所有邻居。其中，QREQ 包由下列字段组成。

（1）字段"S"表示源节点。

（2）字段"D"表示目的节点。

（3）字段"id"表示一个单调递增的序列号，每个中间节点都可以通过信息对（S, D, id）对路由请求包进行标识，检测重复的 QREQ 包，从而避免环路的产生。

（4）字段"B"表示建立从源节点 S 到目的节点 D 的 QoS 路径需要满足的带宽要求，用空闲时隙数目来表示。

（5）字段"x"表示当前正在转发 QREQ 包的那个节点。

（6）字段"$PATH$"表示 QREQ 包所遍历的路径以及在路径的每条链路上所分配的可用空闲时隙集合。该字段的形式是 $((h_1, l_1), (h_2, l_2), \cdots, (h_k, l_k))$，其中 $h_1, h_2, \cdots, h_k, x$ 表示 QREQ 包所遍历的路径（h_1 就是源节点 S），l_i 包含着所分配的 B 个时隙的集合，允许节点 h_i 使用这些空闲的时隙发送数据信息给下游节点 h_{i+1}，l_k 包含着所分配的 B 个时隙的集合，允许节点 h_k 使用这些空闲的时隙发送数据信息给下游节点 x。

（7）字段"NH"包含着下一跳邻居信息，该字段的形式是 $((h_1', l_1'), (h_2', l_2'), \cdots, (h_k', l_k'))$。每个节点 h_i' 可能作为传输 QREQ 包的下一跳邻居来扩展当前路径，即新路径将被扩展为 $h_1, h_2, \cdots, h_k, x, h_i'$，相应的 l_i' 包含着 B 个空闲的时隙，节点 x 可以使用这些空闲时隙传输数据信息给下游节点 h_i'，而不会引起任何冲突。

基于 TDMA 的无线自组网中，假设一个帧是由 s 个数据时隙组成的，分别标示为 1, 2, $\cdots$, s。每个节点维持并且更新三个表：发送表（sending table，ST）、接收表（receiving table，RT）和邻居表 H。假设节点 x 维持的三个表分别表示为 ST_x，RT_x 和 H_x，这三个表包含着下列信息：

（1）发送表 $ST_x[1, \cdots, k, 1, \cdots, s]$ 表示节点 x 的发送表，记录 x 的一跳和两跳邻居节点的时隙发送状态信息。如果节点 x 的邻居节点 i 已经预留了时隙 j 用于发送数据，则 $ST_x[i,j] = 1$；否则，$ST_x[i,j] = 0$，即节点 i 没有预留时隙 j 用于发送数据。

（2）接收表 $RT_x[1, \cdots, k, 1, \cdots, s]$ 表示节点 x 的接收表，记录 x 的一跳和两跳邻居节点

的时隙接收状态信息。如果节点 x 的邻居 i 已经预留了时隙 j 用于接收数据，则 $RT_x[i,j] = 1$；否则，$RT_x[i,j] = 0$，即节点 i 没有预留时隙 j 用于接收数据。

（3）邻居表 $H_x[i,j]$ 记录节点 x 的邻居信息。如果节点 i 是节点 x 的一跳邻居，并且节点 j 是节点 i 的一跳邻居，则 $H_x[i,j] = 1$；否则，$RT_x[i,j]$ 为无穷大。

值得注意的是，发送表 $ST_x[x,j]$ 和接收表 $RT_x[x,j]$ 分别记录节点 x 自身的时隙发送状态信息和时隙接收状态信息，邻居表 $H_x[x,j] = 1$ 表示节点 j 是节点 x 的一跳邻居节点。为了维持这些表，一个节点必须通过 Hello 包周期性地向两跳以内的所有邻居节点广播它自己的状态信息。

当一个中间节点 y 接收到从它的邻居节点 x 广播的一个 QREQ（$S, D, id, B, x, PATH, NH$）包时，如果以前没有收到过相同的服务质量路由请求包，并且节点 y 是字段"NH"中的一项，则试图找到 B 个空闲的时隙用于从节点 y 传输信息给下游邻居节点 z。QREQ 包由中间节点一步一步转发，那些中间节点能够分配 B 个空闲的时隙用于发送数据信息给下一跳邻居，直到 QREQ 包到达目的节点 D。目的节点 D 收到 QREQ 包时，就发现了满足应用所需带宽要求 B 个时隙的服务质量路径。

当目的节点 D 发出的服务质量路由应答包 QREP（$S, D, id, b, PATH$）向源节点 S 返回时，收到 QREP 包的中间节点 h_i 将预留服务质量路由请求阶段所分配的时隙。当源节点 S 收到一个 QREP 包时，就找到了一条从源节点 S 到目的节点 D 的服务质量路径，该路径的每条链路无任何冲突地预留了 B 个时隙的带宽资源。源节点 S 可以使用这条路径以及各条链路预留的 B 个时隙进行通信。

在 QREQ 包从源节点 S 向目的节点 D 传输的过程中，各节点的时隙分配信息并没有保留在节点自己的发送表和接收表中。也就是说，没有经过确认的时隙分配信息只维持在 QREQ 包中，而在发送表和接收表中这些时隙仍然是空闲状态。只有当节点接收到目的节点 D 发送来的 QREP 包时，才能预留那些已分配的时隙。节点将更新发送表和接收表，把这些时隙从空闲状态变为预留状态。在收到 QREP 包预留那些已经分配的时隙之前，如果节点收到另一个不同 id 的 QREQ 包，就有可能对相同时隙进行多次分配。如果节点收到两个不同的 QREP 包，则可能对一个相同的时隙进行多次预留，这就造成了多条服务质量路径间时隙预留冲突问题，因为一个节点不能使用相同的时隙进行不同的数据传输。

下面以图 6.1 为例，说明多条服务质量路径之间可能产生的冲突问题，表 6.1 和表 6.2 分别为节点发送表和节点接收表。假设源节点 S 想发现一条到达目的节点 D 的服务质量

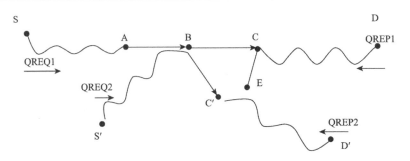

图 6.1 路径上公共节点相同时隙多次预留

表 6.1 节点发送表

ST_S	1	2	3	4	5	6	7	8	9	10
A	0	0	0	0	0	0	1	0	0	0
B	1	0	0	0	0	0	0	0	0	0
C	0	1	0	0	0	0	0	0	0	0
C'	0	0	0	0	0	0	0	0	0	0
E	0	0	0	0	0	1	0	0	0	0

表 6.2 节点接收表

RT_S	1	2	3	4	5	6	7	8	9	10
A	0	0	0	0	1	0	0	0	0	0
B	0	0	0	1	0	0	0	0	0	0
C	0	0	1	0	0	0	0	0	0	0
C'	0	0	0	0	0	0	0	0	0	0
E	0	0	0	0	0	0	0	0	0	0

路径，该路径带宽要求为 2 个时隙（即 $b=2$）。服务质量路由请求 QREQ1 到达中间节点 B 后，如果能够找到 2 个空闲时隙用于发送信息给下一跳邻居，则将该邻居和这 2 个空闲时隙放在 QREQ1 的"NH"字段中。节点 B 从发送表/接收表中得知两跳内邻居节点的时隙状态信息。

根据 3.2.3 节时隙分配条件（1），节点 B 不能分配时隙 1 和 4，因为它分别预留了这两个时隙用于发送和接收信息；节点 B 不能分配时隙 2 和 3，因为邻居节点 C 分别预留了这两个时隙用于发送和接收信息。根据时隙分配条件（2），节点 B 不能分配时隙 5，因为邻居节点 A 预留了该时隙用于接收信息，如果节点 B 使用时隙 5 发送信息给邻居节点 C，将导致在节点 A 的冲突，这是由隐藏终端问题引起的。根据时隙分配条件（3），节点 B 也不能分配时隙 6，因为 B 的两跳邻居节点 E 预留了该时隙用于发送信息，如果 B 使用时隙 6 发送信息给邻居节点 C，将导致邻居节点 C 的冲突，这同样是由隐藏终端问题引起的。

尽管邻居节点 A 预留了时隙 7 用于发送信息，但节点 B 依然可以分配该时隙 7 用于发送信息给邻居节点 C。因为节点 A 和邻居节点 B 如果在相同时隙内发送信息，彼此是暴露终端节点。利用暴露终端使两个相邻节点使用同一时隙发送信息给不同的邻居，将会在无线网络通信中提高信道的重用性。因此，节点 B 可以从 4 个空闲时隙{7,8,9,10}中选择 2 个时隙用于传输信息给下游节点 C。

假设节点 B 为 QREQ1 分配时隙 7 和 8 用于传输信息，把邻居节点 C 和所分配的时隙集合{7,8}放在 QREQ1 的"*NH*"字段中。然而在发送表和接收表中这两个时隙依然是空闲状态。只有当节点 B 收到目的节点 D 发来的 QREP1 时，这两个时隙才从空闲状态转为预留状态。如果在此期间没有其他的服务质量路由请求包到达节点 B，将不会产生任何冲突。但是如果在收到 QREP1 之前，节点 B 又收到另一个 QREQ2，且该 QREQ2 要求寻找从源节点 S'到目的节点 D'的路径，带宽要求是 2 个时隙。这时节点 B 可能分配空闲时隙{7,8}用于传输信息给节点 C'。当 QREP1 到达节点 B 时，将把时隙{7,8}改为预留状态；当 QREP2 到达节点 B 时，也将把时隙{7,8}改为预留状态。节点 B 对相同时隙{7,8}进行了两次预留，导致来自两条不同的服务质量路径的数据包在公共的中间节点 B 时形成冲突。节点 B 只能在预留的时隙内将数据包向一条服务质量路径的下游节点传输，而来自另一条服务质量路径的数据包必须丢弃，这将造成丢包率的提高和系统吞吐量的下降。

相同时隙多次预留问题不仅可能发生在不同服务质量路径的公共中间节点处，如果一条服务质量路径的某个节点是另一条服务质量路径的某个节点的邻居，这两个邻居节点也有可能产生时隙预留冲突问题。例如，在图 6.2 中，两条不同服务质量路径上的节点 B 和

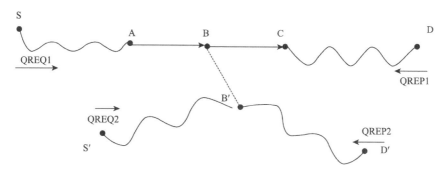

图 6.2　不同路径上相邻节点时隙预留冲突

B'是邻居，两者之间用虚线表示它们之间是邻居关系。在节点 B 收到 QREP1 之前，如果另一个 QREQ2 到达邻居节点 B'，B'分配时隙时并没有考虑邻居节点 B 的上一跳节点 A 为 QREQ1 分配的时隙信息。如果节点 B'与节点 A 分配的时隙相同，当 QREP1 和 QREP2 分别到达 B 和 B'时，将分别预留相同的时隙用于接收和发送信息，违反了时隙分配条件（2）。由于隐藏终端问题造成的干扰，在两条不同的服务质量路径上传输数据包时，将在邻居节点 B 处造成冲突，同样会引起丢包率的提高和系统吞吐量的下降。

随着网络中节点移动速度的提高，原先不相邻的两条服务质量路径的中间节点有可能因为节点的移动而成为邻居。如果不同路径上相邻节点的时隙预留违反了时隙分配规则，原先不存在冲突的多条服务质量路径之间也会产生冲突问题。

基于 TDMA 的带宽预留的服务质量路由协议能够解决单条服务质量路径上各条相邻链路之间隐藏终端问题的干扰。但是，由于各节点计算的时隙分配信息并没有及时被记录在发送表和接收表中，这使得节点或其邻居节点在为其他服务质量路由请求包分配时隙时很可能违反时隙分配规则，导致在不同服务质量路径上公共中间节点或相邻节点发生时隙预留冲突的情况。在较大通信负载或较高节点移动性的环境下，时隙预留冲突问题将大大降低系统吞吐量和通信效率。其他 QoS 路由协议也会存在这种情况。

6.2 避免冲突的时隙分配的服务质量路由协议

本节将对基于 TDMA 无线自组网的带宽预留的服务质量路由协议进行改进，提出避免冲突的时隙分配的服务质量路由协议。通过上一节的分析可知，在不同的服务质量路径上发生时隙预留冲突的原因，在于各节点的时隙分配信息没有被及时地记录在发送表/接收表中。在确认预留时隙之前，如果节点收到不同的 QREQ 包，则可能给不同的服务质量请求分配相同的时隙。中间节点收到不同的 QREP 包会带来相同时隙多次预留造成的冲突问题。

仅仅把时隙分配信息记录在发送表/接收表中，这并不是一个好的方法，因为发送表和接收表中记录的是节点的时隙是处于预留状态还是空闲状态。如果为一个 QREQ 分配时隙的节点长时间没有收到 QREP 包来确认预留，被分配的时隙实际上并没有用于数据传输，并且也不能被其他服务质量请求包分配，这将会造成时隙利用率的降低。因此，本节将对 6.1 节中的发送表和接收表的定义进行一些修改，使时隙的分配信息与预留信息能够相互区别。

6.2.1 时隙分配条件的修改

本节将对时隙分配的条件进行重新定义。如果下列四个条件中的前三个能够同时满足，则一个节点 x 能够分配时隙 t 用于发送数据信息给它的一跳邻居节点 y，如果在此基础上最后一个条件也能够满足，则该时隙 t 具有优先分配权。

条件一：在节点 x 的发送表和接收表中，对于节点 x 和邻居节点 y 来说，时隙 t 处于空闲状态，即 $ST_x[x,t] = -1$，$RT_x[x,t] = -1$，$ST_x[y,t] = -1$，$RT_x[y,t] = -1$，$H_x[x,y] = 1$。

条件二：对于节点 x 的任何邻居节点 z 来说，时隙 t 处于接收空闲状态，即 $RT_x[z,t] = -1$，$H_x[x,z] = 1$。

条件三：对于节点 x 的邻居节点 y 的任何邻居节点 z 来说，时隙 t 处于发送空闲状态，即 $ST_x[z,t] = -1$，$H_x[y,z] = 1$。

条件四：对于节点 x 的任何邻居节点 z 来说，z 不同于 y，时隙 t 处于发送预留状态，即 $ST_x[z,t] = 1$，$H_x[x,z] = 1$，$z \neq y$。

为了避免隐藏终端问题的干扰，时隙分配的前三个条件与 Liao 和 Tseng 提出的时隙分配条件相类似。唯一的区别是仅考虑分配那些完全处于空闲状态的时隙，而不考虑已经被其他 QREQ 分配但还没有预留的时隙，这是为了避免发生相同时隙由于多次预留造成的冲突问题。

在满足前三个条件的情况下，如果增加进来的第四个条件也满足，则节点 x 优先分配空闲时隙 t 用于发送信息给邻居节点 y。因为当邻居节点 z 正在发送数据信息时，作为暴露终端的节点 x 在相同的时隙 t 内发送数据信息给邻居 y，这实际上不会造成冲突，同时可以高效地利用自己可用的带宽资源，留出其他的空闲时隙分配给后来到达的 QREQ 包。如果已经预留时隙 t 用于发送信息的邻居 z 的数目越多，则认为节点 x 的空闲时隙 t 具有越高的优先分配权。

6.2.2 节点时隙状态的转变

在避免冲突的服务质量路由协议中，收到 QREQ 包的节点 x 如果能够分配满足带宽要求的时隙给下游邻居节点，除了将分配的时隙信息放在 QREQ 的 "NH" 字段中之外，还必须将分配的时隙信息记录在经过修改以后的发送表和接收表中，这样就可以避免由于时隙多次预留造成的冲突。

如果节点 x 收到 QREQ 包后分配了一个空闲时隙 t，用于发送信息给邻居节点 y，则节点 x 将 $(y, \{t\})$ 放在 QREQ 的 "NH" 字段中，并把时隙 t 的状态从空闲转为分配。具体来说，将发送表 $ST_x[x, t]$ 的值从 "–1" 修改为 "0"，将接收表 $RT_x[y, t]$ 的值从 –1 修改为 0。

当节点 x 向两跳以内的邻居节点广播它自己的时隙状态变化信息后，邻居节点得知节点 x 的时隙 t 已经被分配用于传输，将不会为其他的 QREQ 分配相同的时隙用于接收数据信息。这样就避免了隐藏终端问题造成的不同服务质量路径的相邻节点之间时隙预留冲突问题的发生。如果节点 x 收到另一个 QREQ 包，因为只能分配完全空闲的时隙，所以就避免了为同一节点多次分配相同时隙造成的预留冲突问题。

如果节点 x 收到目的节点发向源节点的 QREP 包，则把相应的时隙 t 从分配状态转为预留状态。具体来说，将发送表 $ST_x[x, t]$ 的值从 "0" 修改为 "1"，将接收表 $RT_x[y, t]$ 的值从 "0" 修改为 "1"。

如果节点 x 等待一段时间后没有收到目的节点发来的 QREP 包，则意味着经过节点 x 发送的 QREQ 包因为各种原因没能够到达目的节点，或者目的节点没有选择该 QREQ 包所遍历的路径。如果时隙 t 中长时间处于分配状态而不进行预留，将会造成时隙 t 既不能用于实际的数据传输，也不能被其他 QREQ 包分配，从而降低了时隙利用率。这种情况可以为发送表和接收表中的每个时隙设置一个分配定时器 TTL_{alloc}。这个定时器只有在时隙从空闲状态转变为分配状态时才需要，当时隙 t 为空闲状态时，相应的 TTL_{alloc} 设置为 0。

当节点 x 为 QREQ 分配时隙 t 时，该时隙从空闲转变为分配状态，相应的分配定时器 TTL_{alloc} 设置为预先定义的初始值。如果定时器 TTL_{alloc} 的值为 0 时，节点 x 还未收到相应的 QREP 包，则将时隙 t 从分配状态转变为空闲状态。具体来说，将发送表 $ST_x[x, t]$ 的值从 "0" 修改为 "–1"，将接收表 $RT_x[y, t]$ 的值从 "0" 修改为 "–1"。节点 x 就可以为后来到达的其他的 QREQ 分配空闲时隙 t 用于传输数据信息；另一方面，收到节点 x 的广播的状态变化信息后，邻居节点得知节点 x 的时隙 t 已经空闲，因此可以为后来到达的其他的 QREQ 分配该时隙用于接收数据信息，避免了因为时隙 t 长时间分配未被预留而降低时隙的利用率。

如果节点 x 已经预留的时隙 t 超过预先定义的一段时间后，还没有用于数据传输，则必须将该时隙从预留状态转变为空闲状态。出现这种情况有两种可能，一是 QREP 没有能够到达源节点；二是由于节点的移动性，已经建立的服务质量路径发生中断。这个预先定义的时间用相应的预留定时器 TTL_{resv} 设置的初始值来表示。每当被预留的时隙 t 用于数据传输时，定时器 TTL_{resv} 将被刷新。如果 TTL_{resv} 的值为 0 时，则在发送表/接收表中将该时隙从预留状态转变为空闲状态。具体来说，将发送表 $ST_x[x, t]$ 的值从 1 修改为 –1，将接收表 $RT_x[y, t]$ 的值从 1 修改为 –1。

图 6.3 显示了节点 x 的时隙 t 的状态转变过程。在图 6.3 中，椭圆圈起来的文字表示时隙的状态，椭圆之间的带有箭头的直线表示从一种状态转化为另外一种状态，直线上的数字表示转化的序号。

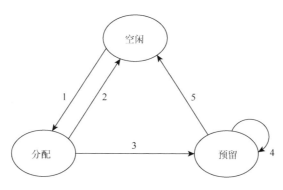

图 6.3　状态转变图

转化 1 表示节点（包括源节点）为 QREQ 分配时隙 t 用于传输信息给下一跳邻居时，将该时隙从空闲状态转变为分配状态。

转化 2 表示分配定时器 TTL_{alloc} 到期时，如果节点 x 还没有收到相应的 QREP，则将时隙 t 从分配状态转变为空闲状态。

转化 3 表示分配定时器 TTL_{alloc} 到期前，如果节点 x 收到相应的 QREP 确认分配信息，则将时隙 t 从分配状态转变为预留状态。

转化 4 表示当节点 x 使用预留的时隙 t 传输会话的数据信息时，刷新预留定时器 TTL_{resv}，该时隙依然保持预留状态。

转化 5 表示预留定时器 TTL_{resv} 到期后，将时隙 t 从预留状态转变为空闲状态。

值得注意的是，空闲状态不能直接转化为预留状态，而且预留状态也不能直接转化为分配状态。

6.2.3　避免冲突的时隙分配单路及多路服务质量路由协议

1. 服务质量路由发现

避免冲突的时隙分配的服务质量路由协议是一种按需式路由协议，只有在需要的时候源节点才通过 QREQ 包来发现路由。服务质量带宽要求是以时隙个数为单位。服务质量路由发现阶段尽可能地寻找满足服务质量带宽要求的路径，同时对带宽资源进行分配，在分配过程中考虑隐藏终端问题带来的不同服务质量路径间时隙多次分配造成的预留冲突问题。带宽预留的操作放在服务质量路径选择之后的路径应答过程中进行。服务质量路径发现阶段的具体操作如下。

假设源节点 S 收到来自应用层的请求，要求建立一条到达目的节点 D 的 QoS 路径，QoS 的带宽要求是 B 个时隙。源节点 S 准备好一个 QREQ 包，然后将它广播给自己的所有邻居节点。QREQ 包包含以下字段：$(S, D, id, B, x, PATH, NH)$。

信息对 (S, D, id) 可以对路由请求包进行标识，用于检测重复的 QREQ 包，从而避免环路的产生；字段"x"表示当前正在转发 QREQ 包的那个节点；字段"$PATH$"表示 QREQ 包所遍历的路径以及每条链路上所分配时隙集合；字段"NH"表示下一跳邻居列表信息。

当网络中的一个节点 y 接收到从它的邻居节点 x 广播的一个 QREQ $(S, D, id, B, x, PATH, NH)$ 包时，如果以前收到过相同的 QoS 路由请求包 QREQ，用信息对 (S, D, id) 唯一标识，则丢弃这个 QREQ 包。反之，如果节点 y 不在字段"NH"列表中，则说明该节点没有满足服务质量要求的带宽来接收上游邻居节点 x 发送来的数据信息，因此丢弃这个 QREQ 包；反之，如果字段"NH"列表中包含 (h_i', l_i')，使得节点 y 可以使用满足服务质量带宽要求的时隙集合 l_i'，接收来自上游邻居节点 x 的数据信息，即 y 就是 h_i'，则执行下列步骤。

首先，节点 y 用收到的 QREQ 包中字段"$PATH$"和"NH"中的信息来更新自己的发送表 ST_y 和接收表 RT_y。对于节点 y 的前两跳邻居节点 h_k 和 x 来说，将它们为 QREQ 所分配的时隙从空闲状态转变为分配状态。

具体来说，对于列表 l_k 中的每个时隙 t，将 $ST_y[h_k, t]$ 的值从 -1 更新为 0，同时将 $RT_y[x, t]$ 的值从 -1 更新为 0，其中，(h_k, l_k) 是字段"$PATH$"中的最后一项；对于列表 l_i' 中的每个时隙 t，将 $ST_y[x, t]$ 的值从 -1 更新为 0，同时将 $RT_y[y, t]$ 的值从 -1 更新为 0，其中，(y, l_i') 是字段"NH"中的一项。对于那些从空闲状态转变为分配状态的时隙，均开启一个分配定时器 TTL_{alloc}。更新发送表和接收表的目的是将节点 y 的前两跳节点 h_k 和 x 的时隙分配信息及时地记录下来，为节点 y 进行时隙分配的计算做好准备，同时可以避免冲突的发生。

然后，初始化节点 y 的下一跳邻居列表 NH_temp 为空集。如果节点 y 可以分配 b 个空闲时隙用于发送信息给邻居节点 z，则把邻居节点 z 及 B 个时隙组成的集合添加到集合 NH_temp 中。这一过程通过后面介绍的 choose_slot（y, z, B, ST_y, RT_y）算法来实现。该算法在更新后的发送表 ST_y 和接收表 RT_y 的基础上，根据重新定义的时隙分配条件，选择满足服务质量带宽要求的 B 个空闲时隙，节点 y 可以使用这些空闲时隙来发送信息给下一跳邻居节点 z。如果节点 y 能找到一个满足上述要求的邻居 z，则列表 NH_temp 将不为空集。在这种情况下，节点 y 将更新后的 QREQ 包广播出去。在更新后的 QREQ 包中，将（x, l_i''）添加到字段"PATH"的最后一项（h_k, l_k）之后，字段"NH"则用节点 y 的邻居列表 NH_temp 来替代，并用当前节点 y 来代替节点 x。

值得注意的是，在转发 QREQ 包之前，必须将节点 y 为 QREQ 包分配的时隙从空闲状态转变为分配状态。具体来说，对于列表 l_i'' 的每个时隙 t，将 $ST_y[y, t]$ 的值从 -1 更新为 0，将 $RT_y[z, t]$ 的值从 -1 更新为 0，其中（z, l_i''）是更新后的 QREQ 中字段"NH"中的一项，并且开启一个分配定时器 TTL_{alloc}。

检查完节点 y 的所有邻居之后，如果发现邻居列表 NH_temp 为空集，则意味着根据重新定义的时隙分配条件，没有发现任何邻居可以使用 B 个空闲的时隙接收节点 y 发送的数据信息。在这种情况下，节点 y 将丢弃这个 QREQ 包。同时，节点 y 沿着字段"PATH"所显示路径的相反方向，发出一个解除时隙分配（de-allocated slot，DAS）包。这个 DAS 包包含了下列字段：（$S, D, id, PATH$）。节点 y 以及收到 DAS 包的沿路各节点在为相应时隙所设置的分配定时器 TTL_{alloc} 超时之前，提前将已分配的 B 个时隙释放出来。也就是说，如果丢弃 QREQ 包，则将沿路各节点所分配的时隙转变为空闲状态。这使得网络中的节点可以有更多的空闲时隙用来分配给其他的 QREQ 包，从而提高了时隙的利用率和网络效率。

在前面提到的 choose_slot（y, z, b, ST_y, RT_y）算法中，根据更新后的发送表 ST_y 和接收表 RT_y，依赖于 6.2.2 节修改后的时隙分配条件，节点 y 选择 B 个空闲时隙用于发送信息给下一跳邻居节点 z。具体来说，对于每个时隙 t，$1 \leq t \leq s$，s 表示一个帧中数据阶段时隙的数目，如果下列条件中的前三个条件能够满足，则时隙 t 是一个空闲的时隙，节点 y 可以分配该时隙用于发送信息给邻居 z。

条件一：对于节点 y 和邻居节点 z 来说，时隙 t 处于空闲状态，即（$ST_y[y, t] = -1$）$\cap$（$RT_y[y, t] = -1$）$\cap$（$ST_y[z, t] = -1$）$\cap$（$RT_y[z, t] = -1$）$\cap$（$H_y[y, z] = 1$）。

条件二：对于节点 y 的任何邻居节点 w 来说，时隙 t 处于接收空闲状态，即（$RT_y[w, t] = -1$）$\cap$（$H_y[y, w] = 1$）。

条件三：对于节点 y 的邻居 z 的任何邻居节点 w 来说，时隙 t 处于发送空闲状态，即

（$ST_y[w, t] = -1$）∩（$H_y[z, w] = 1$）。

条件四：对于节点 y 的任何邻居节点 w 来说，w 不同于 z，时隙 t 处于发送预留状态，即（$ST_y[w, t] = 1$）∩（$H_y[y, w] = 1$）∩（$w \neq z$）。

在满足前三个条件的情况下，如果第四个条件也满足，则节点 y 优先分配空闲时隙 t 用于发送信息给邻居 z。因为当节点 y 的邻居节点 w 正在发送数据信息时，作为暴露终端的节点 y 可以在相同的时隙 t 内发送数据信息给邻居 z。这实际上不会造成冲突，同时可以高效地利用自己可用的带宽资源，留出其他的空闲时隙分配给后来到达的其他 QREQ 包。如果已经预留时隙 t 用于发送的邻居节点 w 的数目越多，则节点 y 的空闲时隙 t 具有更高的分配优先权。如果节点 y 可获得的用于发送信息给邻居 z 的空闲时隙的个数大于服务质量带宽要求 B，则根据这些空闲时隙的优先权从高到低的次序进行排序，选择排在前面的 B 个时隙用于分配给 QREQ 包。

如果邻居 z 找不到 B 个空闲的时隙用来接收来自节点 y 的信息，则 choose_slot（y, z, b, ST_y, RT_y）将返回一个空集。检查完节点 y 的所有邻居后，除了上游邻居节点 x 以外，如果发现没有任何邻居可以找到 B 个空闲时隙用来接收来自节点 y 的信息，则邻居列表 NH_temp 为空集，这时节点 y 将丢弃这个 QREQ 包。只有当邻居列表 NH_temp 不为空集时，节点 y 才能将更新后的 QREQ 包广播出去。

由于沿路各节点把前两跳邻居的时隙分配信息及时地记录在了发送表和接收表中，并且在为 QREQ 包进行时隙分配时，仅仅考虑那些完全处于空闲状态的时隙，而不考虑那些未被预留的时隙，因此避免了为不同 QREQ 包多次分配相同时隙的情况发生。

当目的节点 D 收到一个 QREQ 包时，如果字段 "NH" 中有一项（h'_i, l'_i），使得目的节点 D 可以使用时隙集合 l'_i 接收来自上游邻居节点发送的信息，即 D 就是 h'_i，那么从源节点 S 到目的节点 D 满足服务质量带宽要求的路径就找到了。

为了尽可能减少路径发现的时间，目的节点接收第一个到达的 QREQ 包。对于后来到达的 QREQ 包，沿着字段 "PATH" 所显示路径的相反方向，目的节点 D 发出一个解除时隙分配包，收到这个解除时隙分配信息的沿路各节点会将 QREQ 所分配的时隙转变为空闲状态。这有助于网络中的节点有更多的空闲时隙可以分配给其他的 QREQ 包，从而大大提高时隙的利用率和网络的效率。

2. 服务质量路由应答

目的节点 D 接收一个 QREQ（$S, D, id, b, x, PATH, NH$）包后，将（x, l'_i）添加到字段

"PATH" 的最后一项 (h_k, l_k) 之后。也就是说,服务质量路由发现阶段找到服务质量路径是 $(h_1, h_2, \cdots, h_k, x, D)$,每个节点 h_i 都分配了 B 个时隙组成的集合 l_i,用于发送信息给下游邻居 h_{i+1},其中,$i = 1, 2, \cdots, k-1$。节点 h_k 分配了时隙集合 l_k,用于发送信息给节点 x,节点 x 分配了时隙集合 l_i',用于发送信息给目的节点 D。

沿着 QREQ 中的字段"PATH"的相反方向,目的节点 D 向源节点 S 发送一个 QoS 路由应答包 QREP $(S, D, id, B, PATH)$。每个收到 QREP 包的中间节点在向上游节点转发服务质量路由应答包之前,必须对分配的相应时隙进行预留。例如,当中间节点 $y(y = h_i)$ 收到 QREP 包后,将服务质量路由请求阶段分配的 B 个时隙从原来的分配状态转变为预留状态。具体来说,对于集合 l_j $(j = i-2, i-1, i, i+1, i+2)$ 中的每个时隙 t 来说,l_i 是 QREP 包的字段"PATH"中与 h_i 相对应的时隙集合,将 $ST_y[h_j, t]$ 的值从 0 转变为 1;对于 l_{j-1} $(j = i-2, i-1, i, i+1, i+2)$ 中的每个时隙 t 来说,将 $RT_y[h_j, t]$ 的值从 0 转变为 1,并且开启预留定时器 TTL_{resv}。

源节点 S 收到 QREP 包后,就找到了一条到达目的节点 D 的服务质量路径,该路径的每条链路无任何冲突地预留了 B 个时隙的带宽资源。源节点 S 可以使用这条路径以及各条链路预留的 B 个时隙进行通信。

图 6.4 为不同服务质量路径上公共节点 B 避免时隙多次预留的示意图,表 6.3 是节点 B 转发 QREQ 包之前的发送表,表 6.4 是节点 B 转发 QREQ 包之前的接收表,表 6.3 和表 6.4 的值表示节点在对应的时隙所具有的状态。值为 –1 时,表示空闲状态;值为 0 时,表示分配状态;值为 1 时,表示预留状态。当值从 –1 变为 0 时,表示节点收到 QREQ,该时隙从原来的空闲状态变成分配状态;当值从 0 变为 1 时,表示节点收到 QREP,该时隙从原来的分配状态变为预留状态。当值从 0 变为 –1 时,表示节点没有收到 QREP,该时隙从原来的分配状态变为空闲状态。

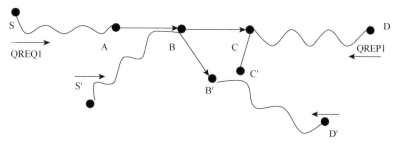

图 6.4 不同服务质量路径上公共节点 B 避免时隙多次预留的示意图

表 6.3　节点 B 转发 QREQ 包前的发送表

ST_S	1	2	3	4	5	6	7	8	9	10
A	−1	−1	−1	−1	−1	−1	1	−1	−1	−1
B	1	−1	−1	−1	−1	−1	0	0	0	0
C	−1	1	−1	−1	−1	−1	−1	−1	−1	−1
C′	−1	−1	−1	−1	−1	−1	−1	−1	−1	−1
E	−1	−1	−1	−1	−1	−1	1	−1	−1	−1

表 6.4　节点 B 接收 QREQ 包前的接收表

RT_S	1	2	3	4	5	6	7	8	9	10
A	−1	−1	−1	−1	1	−1	−1	−1	−1	−1
B	−1	−1	−1	1	−1	−1	−1	−1	−1	−1
C	−1	−1	1	−1	−1	−1	0	0	−1	−1
C′	−1	−1	−1	−1	−1	−1	−1	−1	0	0
E	−1	−1	−1	−1	−1	−1	−1	−1	−1	−1

在图 6.4 中，不同服务质量路径的公共的中间节点 B 将不会对相同时隙进行多次预留。在节点 B 转发 QREQ1 之前，将分配的 2 个时隙{7, 8}在发送表和接收表中对应的值从原来的−1 更新为 0，即从原来的空闲状态转变为现在的分配状态。当 QREQ2 到达节点 B 时，只考虑为 QREQ2 分配空闲的时隙用于发送信息给邻居 C′。因此，节点 B 只能为 QREQ2 分配空闲时隙{9, 10}，并将分配信息记录在节点 B 的发送表和接收表中。

如果 QREQ1 能够到达目的节点 D，并且相应的 QREQ1 到达节点 B 后，将对 QREQ1 分配的时隙进行预留。具体来说，将 2 个时隙{7, 8}在发送表和接收表中对应的值从原来的 0 更新为 1。如果 QREQ2 能够到达目的节点 D′，并且相应的 QREQ2 到达节点 B 后，将对 QREQ2 分配的时隙进行预留。具体来说，将时隙{9, 10}在发送表/接收表中对应的值从原来的 0 更新为 1。当不同的数据信息在两条不同的服务质量路径上传输时，将不会在公共的中间节点 B 造成冲突，因为节点 B 分别使用不同的时隙传输数据信息给不同的下游邻居节点。

图 6.5 中，不同服务质量路径上的相邻节点 B 和 B′之间也不会产生时隙预留冲突。表 6.5 和表 6.6 为节点 B 收到 QREP 包后的发送表和接收表。节点 B 为 QREQ1 分配时隙后，及时地将时隙状态的变化信息广播给一跳邻居和两跳邻居。节点 B 收到 QREP1 之前，如果 QREQ2 到达邻居 B′，该节点将根据最新的时隙状态信息为 QREQ2 分配完全空闲的时隙。

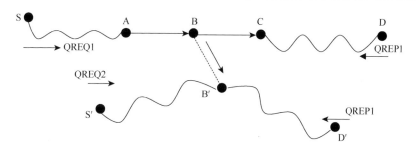

图 6.5 不同服务质量路径上相邻节点避免时隙预留冲突的示意图

表 6.5 节点 B 收到 QREP 包后的发送表

ST_S	1	2	3	4	5	6	7	8	9	10
A	−1	−1	−1	−1	−1	−1	−1	1	−1	−1
B	1	−1	−1	−1	−1	−1	1	1	1	1
C	−1	1	−1	−1	−1	−1	−1	−1	−1	−1
C'	−1	−1	−1	−1	−1	−1	−1	−1	−1	−1
E	−1	−1	−1	−1	−1	1	−1	−1	−1	−1

表 6.6 节点 B 收到 QREP 包后的接收表

RT_S	1	2	3	4	5	6	7	8	9	10
A	−1	−1	−1	−1	1	−1	−1	−1	−1	−1
B	−1	−1	−1	1	−1	−1	−1	−1	−1	−1
C	−1	−1	1	−1	−1	−1	−1	1	−1	−1
C'	−1	−1	−1	−1	−1	−1	−1	−1	1	1
E	−1	−1	−1	−1	−1	−1	−1	−1	−1	−1

根据时隙分配条件,节点 B′分配用于发送的时隙与邻居 B 用于接收的时隙不会相同。当 QREP1 和 QREP2 到达 B 和 B′时,分别预留不同的时隙用于接收和发送信息。这就避免了隐藏终端造成的不同的服务质量路径上的相邻节点之间时隙预留冲突的发生。在两条不同的服务质量路径上传输数据信息时,将不会在相邻节点 B 和 B′之间发生冲突。

3. 避免冲突的时隙分配的多路服务质量路由协议

由于无线网络中的可用带宽资源十分有限,对应用的服务质量请求来说,如果源节点和目的节点之间不存在满足服务质量要求的路径,即使整个网络中有足够的空闲带宽,此服务质量请求也会被阻塞。

本节将避免冲突的单路服务质量路由模式扩展成多路服务质量路由模式,利用源节点和目的节点之间多条并行的路径作为一个服务质量请求的路径。多条路径的带宽总和能够满足服务质量的带宽要求。

避免时隙预留冲突的多路服务质量路由发现阶段的具体操作如下。

假设源节点 S 收到来自应用层的请求，要求建立一条到达目的节点 D 的服务质量路径，应用所需的带宽要求是 B 个时隙。源节点准备好一个 QREQ（S, D, id, B, BW, x, $PATH$, NH）包，然后广播给自己的邻居节点。与单路服务质量路由模式中的 QREQ 包相比，新增加的字段 BW 表示当前遍历的路径带宽，初始值为带宽要求 b。

当网络中的一个节点 y 接收到从它的邻居节点 x 广播的一个 QREQ（S, D, id, B, BW, x, $PATH$, NH）包时，路由请求包的重复性检查、邻居列表的检查、发送表/接收表的更新等操作与单路服务质量路由模式完全一致。在接下来的执行步骤中，需要对节点 y 进行的 choose_slot 算法进行改进。

首先，初始化节点 y 的下一跳邻居列表 NH_temp 为空集。改进后的 choose_slot（y, z, BW, ST_y, RT_y）算法返回的是节点 y 可用于发送信息给邻居 z 的时隙个数 B'。如果 B' 大于等于路径带宽 BW，则选择优先权排在前面的 BW 个时隙，并把邻居 z 及前 BW 个时隙组成的集合添加到 NH_temp 中；反之，如果 B' 小于 BW，则把邻居 z 及 B' 个时隙组成的集合添加到 NH_temp 中，并将 BW 更新为 B'。

如果发现没有任何邻居可以找到至少 1 个空闲时隙用来接收来自节点 y 的信息，则邻居列表 NH_temp 为空集，这时节点 y 将丢弃这个 QREQ 包。反之，如果节点 y 的邻居列表 NH_temp 不为空集，则将更新后的 QREQ 包广播出去。其余操作与避免冲突的单路 QoS 路由模式的路径发现阶段类似。广播 QREQ 包之前，节点 y 必须将时隙分配信息记录在发送表/接收表中，同时将时隙状态的变化信息广播给邻居节点。以上操作一个节点一个节点的重复下去，直到 QREQ 包到达目的节点 D。

当目的节点 D 收到第一个 QREQ 包（S, D, id, B, x, BW, $PATH$, NH）时，如果计算出的路径带宽 BW 的值等于带宽要求 b，则说明发现的路径能满足服务质量要求。目的节点 D 直接发送 QREP 包来预留服务质量路径请求阶段所分配的时隙，这种情况相当于单路 QoS 路由模式。

如果计算出的路径带宽 BW 的值小于带宽要求 B，则说明发现的路径不能满足服务质量所需的带宽要求，这时必须等待下一个 QREQ 包。直至目的节点 D 接收到前 n 个到达的 QREQ 包，这些路径带宽 BW 之和等于带宽要求 B。最后，沿着这 n 个 QREQ 包所发现的路径 $PATH$ 的相反方向发送 QREP（S, D, id, B, BW, $PATH$）包。收到 QREP 包的沿路各节点对服务质量路由发现阶段分配的前 BW 个时隙进行预留，并且释放其余的时隙以便分配给其他的 QREQ 包。

源节点 S 收到这些 QREP 包时，就找到了到达目的节点 D 的 n 条路径，这些路径预留的带宽之和满足服务质量带宽要求 b。由于在路径发现阶段及时地记录了时隙分配信息并将时隙状态变化信息广播给邻居，因此源节点 S 发现的多条并行路径之间避免了由于隐藏终端问题带来的时隙预留冲突。

图 6.6 是多条并行服务质量路径之间避免时隙预留冲突的示意图。有两条服务质量路径从 S 到 D 和从 S′到 D′有一个公共的中间节点 B。表 6.7 和表 6.8 为节点 B 接收 QREP 包后的发送表和接收表。

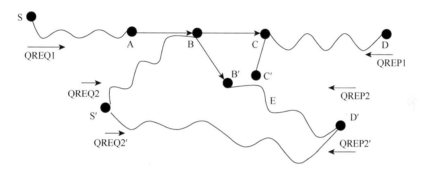

图 6.6 多条并行服务质量路径之间避免时隙预留冲突的示意图

表 6.7 节点 B 接收 QREP 包后的发送表

ST_S	1	2	3	4	5	6	7	8	9	10
A	−1	−1	−1	−1	−1	−1	1	−1	−1	−1
B	1	−1	−1	−1	−1	−1	0	0	0	0
C	−1	1	−1	−1	−1	−1	−1	−1	−1	−1
C′	−1	−1	−1	−1	−1	−1	−1	−1	−1	−1
E	−1	−1	−1	−1	−1	1	−1	−1	−1	−1

表 6.8 节点 B 接收 QREP 包后的接收表

RT_S	1	2	3	4	5	6	7	8	9	10
A	−1	−1	−1	1	−1	−1	−1	−1	−1	−1
B	−1	−1	−1	1	−1	−1	−1	−1	−1	−1
C	−1	−1	1	−1	−1	−1	0	0	−1	−1
C′	−1	−1	−1	−1	−1	−1	−1	−1	0	0
E	−1	−1	−1	−1	−1	−1	−1	−1	−1	−1

在图 6.6 中，如果 QREP1 到达节点 B 之前，节点 B 收到了带宽要求为 3 的 QREQ2，即 $B=3$。节点 B 仅发现两个空闲的时隙{9, 10}可以分配给 QREQ2 用于发送信息给邻居

C′，并不能满足 3 个时隙的带宽要求。如果采用单路服务质量路由模式，将丢弃这个服务质量路由请求包。如果采用多路服务质量路由模式，节点 B 将集合 {C′, {9, 10}} 添加到 NH_temp 中，并且将更新后的 QREQ2 广播出去。当 QREQ2 到达目的节点 D′时，所发现的路径带宽为 2 个时隙，因此必须等待下一个 QoS 路由请求包。如果目的节点 D′又收到了分配 1 个时隙的 QREQ2′，则所发现的两条路径的带宽之和能够满足服务质量带宽要求。最后，目的节点 D′沿着两条路径的相反方向发送两个 QREP 包。由于避免了隐藏终端问题造成的不同路径间相邻节点的时隙预留冲突，收到两个 QREP 包的源节点 S′能够在两条并行的服务质量路径上无冲突地传输数据信息。

6.3　模　拟　实　验

6.3.1　模拟实验环境的建立

本节将对时隙分配的 CFQR 协议与 Liao 和 Tseng 提出的服务质量协议（简称为 Liao 协议）进行比较。在模拟实验中，主要从分组平均传输率、调用成功率等方面研究避免冲突的服务质量路由协议的特性。假设在 400 m×400 m 的矩形区域内随机放置着 10 个移动节点，每个节点的无线传输半径设定为 100 m。若两个节点在彼此的传输范围内，则两个节点之间就有一条无线链路。也就是说，有链路相连的两个节点可以直接通信。假设所有节点的移动速度随机分布在 0～10 m/s，移动方向也是随机的。每个节点以随机选择的速度向任意方向移动，到达目的地停留预先定义的暂停时间后，实验中设置暂停时间为 0 s，节点再向新的任意的方向移动，即节点的移动模型为 random waypoint model。假设一个帧中数据时隙数目设定为 30 个，每个时隙的长度为 2 ms，数据传输率为 2 Mbps，每个数据包的大小为 512 bytes，确保一个数据包可以在一个时隙中传输。模拟实验参数的设置如表 6.9 所示。

表 6.9　实验参数的设置

参数	数值及单位
移动节点数目	20 个
无线传输范围	400 m
模拟区域范围	400 m×400 m
移动节点数目	10 个
无线传输范围	100 m
数据发送速率	2 Mbps

续表

参数	数值及单位
移动模型	random waypoint model
移动速度	0～10 m/s
暂停时间	0 s
数据时隙数目	30 个
数据时隙长度	2 ms

在整个模拟实验过程中，每一次 QoS 会话请求按照如下方式产生。从网络中随机挑选源节点和目的节点，假设源节点和目的节点不是邻居。源节点首先产生一个 QREQ 包，用于发现到达相应目的节点的 QoS 路径。网络中的每个节点都有一张路由表以及算法所需要的其他表，例如发送表、接收表和邻居表。当数据传输过程结束或者由于节点的移动而导致路径中断时，释放原先为 QoS 路径所预留的时隙。每个 QoS 会话持续的时间是 4 s，会话的长度为 1 Mbytes。假设模拟过程中总共产生 20 次 QoS 会话请求。服务质量会话请求的带宽要求设置为 5 个时隙。实验参数的设置见表 6.9。

第一组实验主要研究在不同网络负载情况下各协议的性能。在本节中，网络负载被定义为会话的到达速率，即平均每 1 s 钟到达多少个 QoS 会话请求。模拟实验中的网络负载将在 0.5～20 个会话/s 变化。0.5 个会话/s 表示每隔 2 s 到达 1 个 QoS 会话请求，20 个会话/s 表示每隔 1 s 到达 20 个 QoS 会话请求。

第二组实验主要研究在不同的节点移动速度下各协议的性能。模拟实验中节点的最大移动速度将在 0～10 m/s 变化。模拟实验参数的设置见表 6.9，性能参数的定义如表 6.10 所示。节点通信的仿真截图如图 6.7 所示，在负载为 0.5，即每隔 2 s 到达一个 QoS 会话请求，节点最大移动速度为 0，即网络中的节点是静止的，模拟时间为 7.652028 s 时，网络中共有三对节点正在通信，这三对节点的通信分别是：节点 1 到节点 2 的通信、节点 4 到节点 5 的通信、节点 4 到节点 6 的通信。

表 6.10 性能参数的定义

参数	定义
分组平均传输率/%	成功接收数据包的平均百分数（包括没有获得 QoS 路径的会话请求）
调用成功率/%	成功的 QoS 路由请求的数量/QoS 路由请求的总数

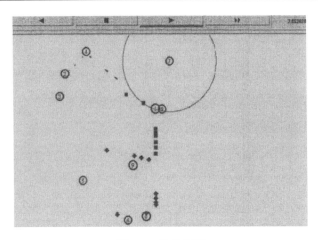

图 6.7 仿真截图

6.3.2 模拟实验结果和分析

1. 网络负载对协议性能的影响

在第一组实验中,我们主要研究网络负载对各路由协议的分组平均传输率和调用成功率的影响。为了考察各 QoS 路由协议的分组平均传输率随着网络负载的增加而产生的变化,假设在第一个模拟实验中,节点移动速度和 QoS 要求不发生改变。网络负载将在 0.5~20 个会话/s 变化。在初始化阶段,设置节点的最大移动速度为 0(即网络是静态的),QoS 带宽要求为 5 个时隙。模拟结果显示在图 6.8 中,其中 x 轴表示网络负载,y 轴表示分组平均传输率。从图中可以观察到以下结果。

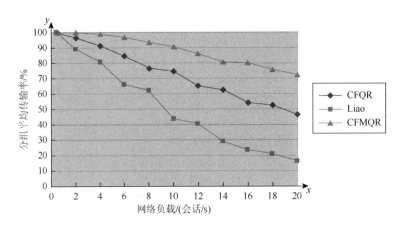

图 6.8 网络负载 vs. 分组平均传输率

当网络中的负载很低时,不同 QoS 会话的数据传输很少发生冲突,因此,各协议都具有很高的分组平均传输率。当负载增加时，网络中有更多 QoS 会话存在，数据传输发生更多冲突，因此，各协议的分组平均传输率均下降。

与 Liao 协议相比较，CFQR 协议有较高的分组传输率。这是因为避免了多个会话之间时隙预留冲突，使 QoS 路径具有更高的可靠性。在静态的网络环境下，源节点发出的数据包能够可靠地传输到目的节点，不会因为与其他 QoS 会话的数据包的传输发生冲突而丢失。随着网络负载的提高，节点空闲时隙数目逐渐减少，部分 QoS 会话的连接由于没有足够的空闲时隙而无法建立起来，因此分组平均传输率下降。除此之外，避免时隙预留冲突的多路 QoS 路由协议（CFMQR）通过建立并行的多条路径来满足 QoS 要求，在负载较重的情况下有较多的 QoS 会话能够建立起来，因此有最高的分组平均传输率。

在 Liao 协议中，数据包丢失的原因是多条 QoS 路径间相同时隙多次预留造成的冲突。这意味着即使 QoS 会话的连接建立起来，多条 QoS 路径上的数据传输由于受到时隙预留冲突的影响而变得并不可靠，因此，有较多的数据包丢失。当网络中的负载增加时，分组平均传输率显著下降。

第二组模拟实验研究不同网络负载环境中 QoS 会话请求调用成功率的变化情况。模拟结果显示在图 6.9 中，x 轴表示网络负载，y 轴表示调用成功率。从图中可以观察到以下结果。

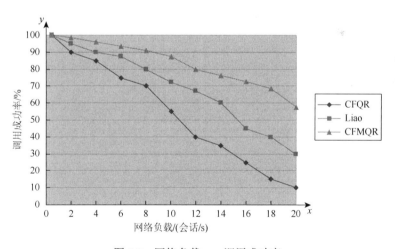

图 6.9　网络负载 vs. 调用成功率

随着网络负载的增加，各种协议的调用成功率均下降。在负载比较重的时候，由于节点没有足够的空闲时隙满足 QoS 带宽要求而丢弃 QoS 路由请求包，因此造成各种协议的调用成功率下降。

与 Liao 协议相比较，CFQR 协议的调用成功率相对低一些。因为该协议在路由过程中为了避免多个 QoS 会话之间的时隙预留冲突，采取了记录时隙分配信息以及为 QoS 路由请求包分配完全空闲的时隙等方法。这种更加严格的时隙分配策略使得更难找到满足 QoS 要求的路径，因此降低了调用成功率。采用多路路由模式的 CFMQR 有比较高的调用成功率，尤其是在网络负载很重的情况下。

与 Liao 协议相比，CFQR 协议在一定程度上降低调用成功率是值得的。因为一旦一个 QoS 会话的连接建立起来，数据信息将在更加可靠的 QoS 路径上进行传输，避免了与其他会话的数据传输相互冲突而丢失数据包，提高了通信效率，充分利用了网络中有限的带宽资源。

2. 节点移动性对协议性能的影响

在第二组实验中，研究节点移动速度对于协议性能的影响。为了考察各协议的分组平均传输率随着节点移动速度的增加而产生的变化，假设在第三个模拟实验中，网络负载和 QoS 要求不发生改变。节点的最大移动速度将在 2～10 m/s 变化。在初始化阶段，网络负载设置为 0.5（即每隔 2 s 到达 1 个 QoS 会话请求），QoS 带宽要求为 5 个时隙。模拟结果显示在图 6.10 中，x 轴表示节点的最大移动速度，y 轴表示分组平均传输率。从图中可以观察到以下结果。

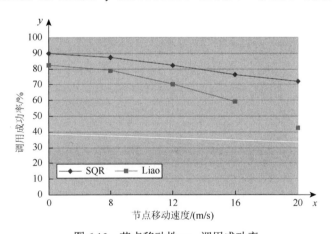

图 6.10 节点移动性 vs. 调用成功率

随着节点移动速度的提高，三种协议的分组平均传输率均下降。当节点的移动速度提高时，原本不相邻的多条 QoS 路径的中间节点有可能成为邻居节点，可能由于时隙预留冲突丢失数据包。

CFQR 协议在路由过程中及时将时隙状态的变化信息通知给邻居节点，并且仅为 QoS 路由请求包分配完全空闲的时隙，从而尽可能避免了不同 QoS 路径间的时隙预留冲突。因此，一旦 QoS 路径建立好以后，节点移动性是造成数据包丢失的原因。

第 7 章 基于时分多址功率控制的服务质量路由协议中的时隙分配

无线自组网中各移动节点的能量十分有限,因此如何对功率控制进行研究正引起人们广泛的关注。功率控制能够有效地降低相邻节点之间的信号干扰,同时能够提高网络的吞吐量。在节点具有传输功率调整能力的网络中,一条低功率的路径一般由较多跳数组成,由此带来较高的分组传输延迟;一条高功率的路径意味着节点有更大的传输半径干扰其他邻居节点,这将大大减少网络的吞吐量,同时消耗更多的节点能量,但分组传输延迟比较低。因此,在 QoS 路由与功率控制之间需要进行一个折衷[77]。

Singh 和 **Woo** 在节点电池功率消耗的基础上提出了 5 种量度,并且将这些量度应用于最小代价(shortest-cost)路由算法中[78]。**Heinzelman** 等提出了一种基于集群的路由协议,通过把负载分散到所有节点,降低能量的消耗[79]。**Sheu** 等提出了一种能量节省的路由协议,减少了传输过程中的能量消耗,并提高了整个网络的寿命[80]。**Maleki** 提出了一种新的按需式路由协议,使被选择的每条路径具有最少的电能消耗代价,并且能够在一定程度上提高无线网络的网络寿命[81]。然而,这些研究局限于如何节约能量或高效利用能量方面,而没有考虑如何在高效节能条件下的 QoS 支持的问题。也就是说,不能提供任何服务质量保证。

上一章中提出基于 TDMA 信道模型的无线网络中避免冲突的 QoS 路由协议。该协议和其他 QoS 路由协议一样,路由过程中都没有考虑功率控制的问题。在已经建立的 QoS 路径上,各节点使用默认的最大传输功率进行传输,不仅对邻居节点造成较大的信号干扰,而且还消耗了更多的能量。针对上述情况,本章继续深入研究,提出一种具有功率控制的服务质量(QoS routing with power control,QRPC)时隙分配协议。该协议不仅能够为会话提供满足 QoS 要求的带宽保证,而且通过功率控制使发现的路径满足信号干扰率保证。这种新的 QoS 支持的路由模式有以下三个主要优点:

(1)采用的功率控制方法能够减少相邻节点之间的信号干扰,多路搜索方法能够降低系统拥塞的可能性,使得网络中有限的资源能够得到更好的利用;

（2）路由过程采用分布式的模式，因此每个节点的操作只依赖于它拥有的局部路由信息，对任一节点而言，保存和维护网络拓扑的全局信息是没有必要的；

（3）QoS 路由发现阶段和 QoS 路由应答阶段采用与传统按需式路由协议相类似的方式，这样很容易与已有的按需式路由协议整合在一起。

7.1 时分多址模型中功率控制的基本思想

7.1.1 系统模型和帧结构

在本节中，假设考虑的网络环境是基于 TDMA 的。在 TDMA 信道通信模型中，一个 TDMA 帧由一个控制阶段和一个数据阶段组成。控制阶段是用来实现所有的控制功能，例如时隙和帧的时钟同步、功率测量、代码分配、链路建立、时隙请求等，数据阶段主要用于数据包的传输。

网络中的每个节点分配一个控制时隙，节点可以使用控制时隙传输控制信息，但是网络中不同的节点必须通过相互竞争使用数据阶段的数据时隙来传输数据信息。在每个控制时隙里，节点按照给定的最大传输功率 $p^{\max}$ 来传输控制信息。根据从邻居节点获取的信息，接收节点可以调整发送节点的相应时隙的传输功率来传输相应的数据包。为了避免路径间的时隙预留冲突，这里的空闲时隙是指既没有用于发送又没有用于接收，同时没有被其他路由请求包分配的时隙。

7.1.2 服务质量信号干扰率要求

在不同的应用系统中，QoS 参数定义的方法可能是不同的。在 QRPC 协议中，只考虑带宽和信号干扰（signal to interference，SIR）率两个 QoS 参数。这是因为对于实时业务来说，保证带宽是最重要的条件。在分时的无线网络中，带宽可以用空闲时隙的数目来衡量。带宽要求通过在路径的每条链路上预留时隙来实现。

如果发送节点 i 在时隙 t 内发送数据信息给邻居接收节点 j，并且节点 j 接收的信号干扰率满足 QoS 的信号干扰率要求，则认为节点 j 能够正确地接收这个数据信息。可以通过式（7-1）来计算信号干扰率

$$SIR_{i,j}^t = \frac{G_{i,j}^t p_i^t}{I_j^t} \geqslant REQ\_SIR \qquad (7\text{-}1)$$

式中，$SIR_{i,j}^t$ 表示接收节点 j 在时隙 t 内收到来自邻居发送节点 i 的数据信息时测量的信号干扰率 SIR，$G_{i,j}^t$ 表示在链路 (i,j) 上获得的路径增益，p_i^t 表示发送节点 i 在时隙 t 内传输数据信息时使用的传输功率，I_j^t 表示在接收节点 j 处总的干扰加上噪音，REQ_SIR 表示应用所需的 QoS 的 SIR 要求。

在式（7-1）中，作为约束条件，传输功率 p_i^t 不能超过节点 i 的最大传输功率 $p_i^{\max}$，即满足式（7-2）

$$p_i^t \leqslant p_i^{\max} \tag{7-2}$$

根据信号干扰率要求，如果一个空闲的时隙 t 在约束条件式（7-2）的基础上，在接收节点处测量的信号干扰率满足式子（7-1），则把这个时隙称为合格的时隙。换句话说，如果发送节点 x 和接收节点 y 已经预留了空闲时隙 t，并且式（7-1）和式（7-2）都满足的话，则接收节点 y 能够在这个合格的时隙 t 内正确接收到来自邻居 x 的数据信息。

7.1.3 功率控制

假设 $p^{\max}$ 是节点向一跳范围内的邻居传输信息时使用的最大传输功率，在传输过程中的路径损耗与传输距离的平方的倒数成正比。假设节点 i 在控制时隙 c 内使用最大传输功率 $p^{\max}$ 来传输控制包给邻居 j，节点 j 能够测量出接收功率 p_r 和控制包的信号干扰率 SIR_c，从而能够根据式（7-3）计算出链路增益的估计值 $G_{i,j}^t$。

$$G_{i,j}^t = \frac{p_r}{p^{\max}} \tag{7-3}$$

如果节点 i 可以分配空闲时隙 t 用于传输数据包给节点 j，根据式（7-1）和式（7-3），可以通过式（7-4）计算出节点 i 在时隙 t 内使用的传输功率 p_i^t。

$$p_i^t = \frac{I_j^t REQ\_SIR}{G_{i,j}^t} \tag{7-4}$$

如果计算出来的传输功率 p_i^t 不超过最大传输功率 $p^{\max}$，即满足约束条件式（7-2），则认为这个空闲时隙 t 是一个合格时隙。越小的传输功率 p_i^t 说明发送节点 i 对邻居的干扰越小，并且节点 i 在该时隙内传输数据信息消耗的能量越低。因此，与这个传输功率 p_i^t 相对应的合格时隙 t 具有更高的优先权。如果传输功率 p_i^t 大于 $p^{\max}$，则认为发送节点 i 在这个空闲时隙里传输的数据包不能被接收节点 j 正确接收。因此，时隙 t 不是一个合格时隙。

7.1.4 功率控制的服务质量路由模式的基本思想

具有时隙分配的 QRPC 是一种按需式的路由协议。路由发现是采用洪泛的方式按需进行。这种新的具有功率控制 QoS 路由模式的主要思想如下：

源节点收到了一个 QoS 请求时，要求按照给定的带宽要求和信号干扰率要求建立 QoS 路径，源节点就在网络中广播一个 QREQ 包。任何非目的节点如果是第一次收到此 QREQ 包，并且可以找到至少一个空闲的时隙分配给这个 QREQ 包，则估计在相应的空闲时隙内使用的传输功率。如果估计出来的传输功率不超过给定的最大传输功率 $p^{\max}$，则将更新后的 QREQ 包转发出去，在转发的 QREQ 中包含有节点分配的合格的空闲时隙以及相应的传输功率；否则，将这个 QREQ 包丢弃。

目的节点等待一段时间后可能收到多个 QREQ 包，每个 QREQ 包代表一条的可行路径。如果没有一条路径能够满足 QoS 带宽要求，则目的节点按照一定的策略选择多条合适的路径。这些路径的总带宽能够满足应用所需的 QoS 带宽要求，每条路径都能够满足 QoS 信号干扰率要求。然后，目的节点会沿着选好的路径向源节点发送 QREP 包。

QREQ 包经过中间节点时，将对合格的时隙进行预留，同时计算在相应的时隙内使用的传输功率。源节点收到了 QoS 路由应答包后，满足 QoS 带宽要求和信号干扰率要求的路径也就建立起来。在实际的通信过程中，各节点在预留的合格时隙内使用相应的传输功率，将数据包传输给下游节点，直至数据信息到达目的节点。

在提出的具有功率控制的 QoS 路由协议中，路由发现阶段的操作与传统的按需式路由发现协议基本相同。不同之处在于路由的过程中还必须进行时隙的分配和带宽的计算，除此之外，还要估计在相应时隙内使用的传输功率，以满足应用所需的 QoS 信号干扰率要求。这种新的 QoS 路由模式可以很容易地整合到现有的按需式路由协议中。

7.2 功率控制的时隙分配的服务质量路由协议

7.2.1 定义和假设

具有时隙分配的 QRPC 协议建立在基于 TDMA 信道模型的带宽预留的 QoS 路由协议基础上，因为需要在 QoS 路由的过程中进行节点的传输功率的估计，所以需要对第六章提出的发送表和接收表进行一些修改。假设一个帧是由 s 个数据时隙组成的，分别标识为 1, 2, $\cdots$, s。网络中每个节点维持并更新发送表 ST、接收表 RT 和邻居表 H 三个表。假设节点 x 维持的三个表 ST_x、RT_x 和 H_x，分别包含着下列信息：

$ST_x[1, \cdots, k, 1, \cdots, s]$ 表示节点 x 的发送表，记录节点 x 的一跳邻居节点和两跳邻居节点的时隙发送状态信息。对于邻居节点 i 和时隙 j 来说，$ST_x[i,j]$ 包含了下列两个域：① 状态域（state），如果邻居节点 i 预留了时隙 j 用于发送数据信息，则 $ST_x[i,j]$.state = 1；如果邻居节点 i 分配了时隙 j 用于发送数据信息，则 $ST_x[i,j]$.state = 0；如果邻居节点 i 没有预留或分配时隙 j 用于发送信息，即处于发送空闲状态，则 $ST_x[i,j]$.state = −1。② 传输功率域（power），记录了邻居节点 i 在时隙 j 内使用的传输功率。

$RT_x[1, \cdots, k, 1, \cdots, s]$ 表示节点 x 的接收表，记录节点 x 的一跳邻居节点和两跳邻居节点的时隙接收状态信息。如果邻居节点 i 预留了时隙 j 用于接收数据信息，则 $RT_x[i,j] = 1$；如果邻居节点 i 分配了时隙 j 用于接收数据信息，则 $RT_x[i,j] = 0$；如果邻居节点 i 没有预留或分配时隙 j 用于接收信息，即时隙处于接收空闲状态，则 $RT_x[i,j] = -1$。

$H_x[i,j]$ 记录着 x 的一跳和两跳邻居信息。如果节点 i 是节点 x 的一跳邻居，节点 j 是 i 的一跳邻居，则 $H_x[i,j] = 1$；否则，$RT_x[i,j]$ 的值为无穷大。

从上述定义中我们可以看出，除在发送表 $ST_x[1, \cdots, k, 1, \cdots, s]$ 中增加了一个新的 power 域用来记录时隙使用的传输功率之外，其他的内容与第 6 章中定义三个表保持一致。值得注意的是，如果发送表中的某个时隙处于空闲状态，则相应的传输功率域的值为 0，因为此时该节点没有传输信息，因此并没有消耗传输功率。另一方面，因为不需要考虑接收节点的接收功率，所以在接收表中并不包含接收功率域。

在基于 TDMA 信道模型的无线网络中，隐藏终端问题和暴露终端问题使得每个节点的时隙分配依赖于它的一跳和两跳邻居节点的时隙状态信息。本章所采用的时隙分配条件与黏章所采用的时隙分配条件相类似。在下列条件中的前三个条件同时满足的情况下，如果第四个条件也满足，则空闲时隙 t 是一个合格的时隙。节点 x 可以使用这个合格的时隙 t 及其使用计算出来的相应的传输功率 p_x^t，可以将数据信息发送给邻居节点 y，并且能够满足信号干扰率要求 REQ_SIR。

条件一：对于节点 x 和邻居节点 y 来说，时隙 t 是空闲的，即 $ST_x[x,t]$.state = −1，$RT_x[x,t] = -1$，$ST_x[y,t]$.state = −1，$RT_x[y,t] = -1$，$H_x[x,y] = 1$；

条件二：对于节点 x 的任何邻居节点 z 来说，时隙 t 是接收空闲的，即 $RT_x[z,t] = -1$，$H_x[x,z] = 1$；

条件三：对于节点 y 的任何邻居节点 z 来说，时隙 t 是发送空闲的，即 $ST_x[z, t]$. state $= -1$, $H_x[y, z] = 1$；

条件四：对于节点 x 来说，任何时隙 t 的用于传输数据信息的传输功率 p_x^t 不超过最大传输功率 $p^{\max}$。

7.2.2 功率控制时隙分配的服务质量路由发现阶段

具有时隙分配的 QRPC 协议是基于按需式路由协议的，源节点只有在需要时广播 QoS 路由请求包，用来寻找到达目的节点的路径。在 QoS 路由发现阶段，不仅需要为 QoS 路由请求包找到可以作为传输信道的空闲时隙，而且需要估计在相应时隙内使用的合适的传输功率。QoS 路径发现阶段的具体操作如下：

假设源节点 S 收到来自应用层的请求，要求建立到达目的节点 D 的 QoS 路径，QoS 的带宽要求是 b 个时隙，信号干扰率要求是 REQ_SIR。源节点准备好一个 QREQ 包，然后将它广播给自己的邻居节点。QREQ 包包含以下字段：(S, D, id, B, REQ_SIR, CURR_NODE, CURR_SLOT, MAX_B, PATH, NH)。这些字段的含义如下所示。

（1）信息对 (S, D, id) 可以对路由请求包进行标识，用于检测重复的 QREQ 包，从而避免环路的产生。

（2）字段"B"表示当前应用的 QoS 带宽要求。

（3）字段"REQ_SIR"表示当前应用的 QoS 信号干扰率要求。

（4）字段"CURR_NODE"表示当前转发 QREQ 包的那个节点。

（5）字段"CURR_SLOT"表示当前节点分配的可以用于传输数据信息的时隙集合。

（6）字段"MAX_B"表示从源节点到 CURR_NODE 的前一个节点的路径上同时分配地可用于传输数据信息的最大时隙数目。

（7）字段"PATH"表示 QREQ 包所遍历的路径，包括了沿路各节点 h_i 所分配的时隙集合 l_i 以及相应的传输功率的集合 p_i，其形式为 $((h_1, l_1, p_1), (h_2, l_2, p_2), \cdots, (h_k, l_k, p_k))$。

（8）字段"NH"表示当前节点邻居列表信息，包括了当前节点的邻居 h_i' 及其相应的可以用于接收数据信息的时隙集合 l_i'，其形式为 $((h_1', l_1'), (h_2', l_2'), \cdots, (h_k', l_k'))$。

源节点 S 广播 QREQ 包时，字段"MAX_B"的初始值是源节点 S 的所有可以用于传输的时隙数目，用等式表示为 $MAX\_B = n(CURR\_SLOT_S)$。其中，函数 $n(A)$ 表示集合 A 中包含的元素的个数。根据避免冲突的时隙分配的条件，源节点 S 的所有可以用于传输的时隙集合是由发送表和接收表中既没有发送又没有接收，同时邻居没有接收的那些时隙组

成，可以用等式表示为

$$CURR\_SLOT_S = \{t \mid t \in ST_S[S,t].state = -1 \cap t \in RT_S[S,t] = -1 \cap t \in RT_S[m,t]$$
$$= -1 \cap H_S[S,m] = 1\}$$

当网络中的一个节点 y 接收到从它的邻居节点 x 广播的一个 QREQ 包时，换句话说，节点 x 就是 CURR_NODE，如果以前曾经收到过相同的 QoS 路由请求包，则丢弃这个 QREQ 包。如果节点 y 不在字段 "NH" 列表中，同样丢弃这个 QREQ 包；反之，如果字段 "NH" 列表中包含（h'_i, l'_i），使得节点 y 可以使用时隙集合 l'_i，用来接收来自上游邻居节点 x 的数据信息，即 y 就是 h'_i，则执行下列步骤。

首先，节点 y 根据收到的 QREQ 包中字段 "PATH" 和 "NH" 中的信息，更新自己的发送表 ST_y 和接收表 RT_y。对于节点 y 的前两跳邻居节点 h_k 和 x 来说，将它们为 QREQ 包所分配的时隙从原来的空闲状态转变为分配状态，为接下来节点 y 将进行时隙分配的计算做好准备。然后再执行下列算法。

Step 0（初始化阶段）：设置 RS_y 表示节点 y 可以分配的接收时隙的集合。这个集合是由那些既没有发送又没有接收，同时所有邻居节点没有发送的时隙组成的，可以表示为

$$RS_y = \{t \mid t \in ST_y[y,t].state = -1 \cap t \in RT_y[y,t] = -1 \cap t \in ST_y[m,t].state$$
$$= -1 \cap H_y[y,m] = 1\}$$

设置 TS_y 表示节点 y 可以分配的发送时隙的集合。这个集合是由那些既没有发送又没有接收，同时所有邻居节点没有接收的时隙组成的，可以表示为 $TS_y = \{t \mid t \in ST_y[y,t].state = -1 \cap t \in RT_y[y,t] = -1 \cap t \in RT_y[n,t] = -1 \cap H_y[y,n] = 1\}$。设置 VS_y 表示节点 y 为 QREQ 包分配的接收时隙的集合，它的初始值为空集。设置 Q_y 表示节点 y 的合格时隙的集合，其中的时隙按照与之相应的传输功率的升序排列，并且这些时隙的传输功率必须满足约束不等式（7-1）。$q_y(i)$ 表示集合 Q_y 中的第 i 个元素，i 的初始值为 1。$q = n(Q_y)$ 表示节点 y 的合格时隙的个数。设置 NH_temp 表示节点 y 的邻居列表，它的初始值为空集。

Step 1（时隙合格的检查）：If $q_y(i) \in CURR\_SLOT$, then $VS_y = VS_y \cup \{q_y(i)\}$;

Step 2（成功分配的检查）：If $n(VS_y) = MAX\_B$, then $MAX\_B_y = MAX\_B$, and go to Step 4; Otherwise, $i = i + 1$ and go to Step 3;

Step 3（分配时隙减少的检查）：If $i > q$, then let $MAX\_B_y = n(VS_y)$, and go to Step 4; Otherwise, go to Step 1;

Step 4（更新 CURR_SLOT 字段）：Let $CURR\_SLOT_y = TS_y - VS_y$. If $n(CURR\_SLOT_y) > 0$, then go to Step 5; Otherwise, discard the QREQ;

Step 5 (记录时隙分配信息): Update ST_y and RT_y for each slot in VS_y;

Step 6 (更新 NH 字段和 PATH 字段,并且广播 QoS 路由请求包):

    Let $NH\_temp = \Phi$

    For each neighbor z of y **do**

        l'_z = choose_slot (y, z, MAX_B_y, ST_y, RT_y)

        if $n(l'_z) > 0$, **then** let $NH\_temp = NH\_temp\ |\ (z, l'_z)$

    end for

    if $NH\_temp \neq \Phi$

        then let $NH_y = NH\_temp$, $PATH_y = PATH\ |\ (x, VS_y)$ and broadcast QREQ

    otherwise discard the QREQ

        end if

上述步骤中的 Step 3 是为了检查节点 y 能够分配的用于接收数据信息的时隙数目是否与节点 x 要求的时隙数目相同。当网络中通信负载很高或者接收节点处的干扰很大时,节点 y 能够分配的时隙数目可能小于节点 x 要求的时隙数目。

为了支持并行的多路搜索,在 Step 6 中的 choose_slot 函数返回的是节点 y 可用于发送信息给邻居节点 z 的时隙集合。根据时隙分配条件,$l'_z = \{t\ |\ t \in ST_y[y, t].\text{state} = -1$,$t \in RT_y[y, t] = -1$,$t \in ST_y[z, t].\text{state} = -1$,$t \in RT_y[z, t] = -1$,$H_y[y, z] = 1$,$t \in RT_j[m, t] = -1$,$H_y[y, m] = 1$,$t \in ST_y[n, t].\text{state} = -1$,$H_y[z, n] = 1\}$。当 choose_slot 函数返回的时隙数目不为 0 时,说明至少有一个邻居节点有空闲时隙能够接收节点 y 发送的信息,因此节点 y 将更新后的 QREQ (S, D, id, b, REQ_SIR, y, $CURR\_SLOT_y$, MAX_B_y, $PATH_y$, NH_y) 包广播出去。反之,当找不到一个邻居节点有空闲时隙接收节点 y 发送的信息时,节点 y 丢弃这个 QREQ 包。

如果能够找到节点 y 的合格时隙的集合 Q_y,就可以完成上述算法了。当节点 y 收到节点 x 广播的 QREQ 包时,y 能够测量出接收功率 P_r 和控制包的信号干扰率 SIR_c。根据式 (7-3),可以计算出节点 x 和邻居节点 y 之间的链路增益的估计值 $G_{x,y}^{est}$,即 $G_{x,y}^{est} = \dfrac{p_r}{p_c}$,其中 P_c 是在控制时隙内使用的传输功率。根据式 (7-4),计算出节点 x 在时隙 t 内传输数据信息时所需要的最小传输功率 $p_x^{(t),\min}$,即 $p_x^{(t),\min} = \dfrac{I_y^t REQ\_SIR}{G_{x,y}^{est}}$,其中 I_y^t 是节点 y 在空闲期间测量的总干扰加噪音。

对于节点 y 的任何空闲时隙 t 来说,如果计算出来的传输功率 $p_x^{(t),\min}$ 不超过最大传输功率 $p^{\max}$,换句话说,在控制时隙内使用的传输功率 P_c,则把这个空闲时隙 t 放入到合格时隙集合 Q_y 中。如果 $p_x^{(t),\min}$ 超过了最大传输功率 $p^{\max}$,则不能将时隙 t 放入到合格时隙集合 Q_y 中。因为如果使用该时隙传输信息,将不能满足信号干扰率要求 REQ_SIR。最后将集合 Q_y 中的所有合格时隙按照与之相对应的传输功率的升序来进行排列,越小的传输功率 $p_x^{(t),\min}$ 意味着相应的时隙 t 具有越高的优先权。这是因为使用该传输功率造成的干扰更小,节点消耗的能量也更低。

当目的节点 D 收到一个 QREQ 包时,如果字段"NH"中有一项(h_i',l_i'),使得目的节点 D 可以使用时隙集合 l_i' 接收来自上游邻居节点发送的信息,即目的节点 D 就是 h_i',那么从源节点 S 到目的节点 D 的满足 QoS 要求的路径就找到了。这条路径显示在目的节点 D 计算出的 $PATH_D$ 中。同时,目的节点 D 计算出的 MAX_B_D 表示该路径的路径带宽。

为了尽可能地减少路径发现的时间,假设目的节点 D 接收第一个到达的 QREQ 包。如果目的节点 D 计算出的路径带宽 MAX_B_D 大于或等于 QoS 带宽要求 B 时,则说明发现的路径能够满足 QoS 要求,这种情况相当于单路 QoS 路由模式。如果路径带宽 MAX_B_D 小于 B,则必须等待下一个 QREQ 包。直至目的节点 D 接收到前 n 个到达的 QREQ 包,发现的这些路径的带宽之和等于带宽要求 B,即 $\sum_{i=1}^{n} MAX\_B_{D(i)} = B$。这种情况相当于多路 QoS 路由模式。

7.2.3 服务质量路由应答阶段

当目的节点 D 找到合适的路径后,沿着所发现的路径 PATH 的相反方向,向源节点 S 发送 QREQ 包。QREQ(S, D, id, b', REQ_SIR, $RSVD\_B$, $PATH'$)包含以下字段:

(1)信息对(S, D, id)可以对路由请求包进行标识,用于检测重复的 QREQ 包,从而避免环路的产生。

(2)字段"b'"表示当前路径带宽,即各条链路预留的时隙数目。

(3)字段"REQ_SIR"表示当前应用的 QoS 信号干扰率要求。

(4)字段"$RSVD\_B$"是路径上各链路预留的时隙数目,也就是目的节点 D 计算的路径带宽 MAX_B_D。

(5)字段"$PATH'$"包含着路径中的每个节点 h_i、分配的传输时隙集合 l_i' 及其相应的传输功率集合 p_i'。其中 l_i' 是由 $PATH_D$ 中 l_i 的前 $RSVD\_B$ 个时隙组成,p_i' 是由 $PATH_D$ 中 p_i

的前 RSVD_B 个传输功率组成。字段 "RSVD_B" 和 "PATH" 的值在 QREQ 包的传输过程中不发生改变。

每个收到 QREQ 包的中间节点 h_i 在向上游节点 h_{i-1} 转发 QREQ 包之前,必须对 QREQ 包所分配的 RSVD_B 个时隙进行预留。具体来说,对于字段 "PATH" 中集合 l'_j ($j = i-2$, $i-1, i, i+1, i+2$) 中的每个时隙 t,将 $ST_i[h_j, t]$.state 的值从 0 转变为 1,即从原来的分配状态转变为预留状态。从 p'_i 中获取的时隙 t 相应的传输功率 $p_i^{(t),\min}$ 是保证信号干扰率要求所估计的最小传输功率。网络中的拓扑变化可能会造成估计的传输功率值低于实际所需的传输功率。如果按照估计的最小传输功率进行数据传输,接收节点将不能正确地收到数据包。为了减少由于网络中拓扑变化造成的估计出错,将时隙 t 的传输功率设置为 $p_i^t = p_i^{(t),\min} + k(p^{\max} - p_i^{(t),\min})$,($0 \leq k \leq 1$),然后将 p_i^t 放到 $ST_i[h_j, t]$.power 域中。对于集合 l'_{j-1} 中的每个时隙 t,将 $RT_i[h_j, t]$ 的值从 0 转变为 1,即从原来的分配状态转变为预留状态。最后将 h_i 已经为 QREQ 包分配但不包含在集合 l'_i 中的时隙从分配状态转为空闲状态,及时释放那些没有被预留的时隙,以便分配给其他的 QREQ 包。

源节点 S 收到 QREQ 包并且预留相应时隙后,就找到了一条到达目的节点 D 的 QoS 路径。如果源节点 S 收到多个 QREQ 包,则找到了多条并行的 QoS 路径,这些路径的总带宽满足 QoS 带宽要求,并且每条路径都满足 QoS 信号干扰率要求。源节点 S 可以使用路径上各节点预留的时隙及其相应的传输功率进行通信。

7.2.4 模拟实验和分析

本小节通过模拟实验分析具有时隙分配 QRPC 协议的性能。在模拟实验中,主要从 QoS 会话请求的调用成功率和路由代价等方面研究具有时隙分配 QRPC 协议的特性。

在模拟实验中,将 20 个节点随机分布在 1000 m×1000 m 的矩形区域内,每个节点的无线传输半径设定为相同值,在整个模拟过程中都是 250 m。若两个节点在彼此的传输范围内,则两个节点之间就有一条无线链路。也就是说,有链路相连的两个节点可以直接通信。

假设所有节点的移动速度随机分布在 $0 \sim V_{\max}$ m/s,移动方向也是随机的。每个节点以随机选择的速度向任意方向移动,到达目的地停留预先定义的暂停时间后(实验中设置暂停时间为 0),节点再向新的任意的方向移动,即节点的移动模型为 random waypoint model。

假设每个节点拥有的数据时隙数目设定为 16 个,每个数据时隙的长度为 5 ms。控制时隙数目设定为 20 个，每个控制时隙的长度为 0.1 ms。因此，一个帧的长度为 20×0.1 + 16×5 = 82 ms。数据传输率为 100 Kbps，每个数据包的大小为 64 bytes，可以确保一个数据包能够在一个时隙中进行传输。

在网络中随机挑选 QoS 会话的源节点和目的节点。如果一个 QoS 会话请求获得成功，在会话过程中将按照预留的带宽和分配的传输功率在所选择的 QoS 路径上进行通信。

假设通信负载定义为 QoS 会话请求的到达速率，范围从 1/20000 ms（即每隔 20000 ms 产生 1 个 QoS 会话请求）到 1/250 ms（即每隔 250 ms 产生 1 个 QoS 会话请求）。如果一个 QoS 会话请求获得成功，则会话的持续时间为 20 s。节点的最大传输功率设置为 100 mW(20 dBm)，在 QoS 路由选择阶段使用最大传输功率来传输控制包。实验中的模拟参数见表 7.1。

表 7.1 模拟实验参数表

参数	数值及单位
模拟区域范围	1000 m×1000 m
移动节点数目	20 个
无线传输范围	250 m
移动模型	random waypoint model
移动速度	$0 \sim V_{max}$ m/s
暂停时间	0 s
数据时隙数目	16 个
数据时隙长度	5 ms
控制时隙数目	20 个
控制时隙长度	0.1 ms
帧的长度	82 ms
数据发送速率	100 Kbps
数据包的大小	64 bytes
会话请求间隔	1/20000～1/250 ms
会话持续时间	20 s

1. 参数 k 对不完全连接率的影响

在 QRPC 协议中，参数 k 用于对 QoS 路由发现阶段估计的最小传输功率进行调整，以避免由于动态网络环境中拓扑变化引起的节点传输功率估计过低而不满足 QoS 信号干扰率要求，造成数据包不能正确地接收而导致已建立的 QoS 连接发生中断。

图 7.1 显示了参数 k 对不完全连接率的影响。y 轴表示不完全连接率，在本节中，不完全连接率被定义为不满足信号干扰率要求造成中断的连接数目除以成功的 QoS 路由请求的数目。x 轴表示参数 k，范围在 0~1。当 k 为 0 时，表示节点使用估计的最小传输功率进行传输；当 k 为 1 时，表示节点使用最大传输功率进行传输。从图 7.1 中可以观察出以下内容。

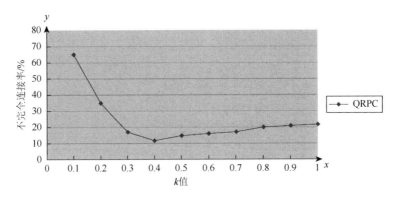

图 7.1 参数 k 值 vs. 不完全连接率

当 k 的值为 0.1 时，不完全连接率为 65%；当 k 为 0.2 时，不完全连接率为 35%；当 k 为 0.3 时，不完全连接率为 18%；当 k 的值为 0.4 时，不完全连接率达到其最小值 12%；当 k 的值为 0.5 时，不完全连接率为 15%；当 k 的值为 0.6 时，不完全连接率提高为 17%；当 k 的值为 0.7 时，不完全连接率为 18%；当 k 的值为 1 时，不完全连接率达到 22%。

随着 k 的增加，使用较高的传输功率将有助于降低不完全连接率。当 k 的值增加到 0.4 时，QRPC 协议的不完全连接率下降到最低。当 k 继续增加时，不完全连接率反而又提高了。这是因为 k 的值过大将会造成节点使用过大的传输功率，从而对周围邻居节点引起更多的干扰，导致数据包不能正确地接收，从而增加了中断连接的数目。因此，在具有功率控制的 QoS 路由协议中，使用 $k = 0.4$ 对估计的传输功率进行调整。

2. QoS 要求对调用成功率的影响

第二组模拟实验研究不同的带宽要求对 QoS 会话请求的调用成功率的影响。QoS 会话请求的调用成功率被定义为成功的 QoS 路由请求的数目除以 QoS 路由请求的总数。

假设网络负载为每隔 20000 ms 产生 1 个 QoS 会话请求，信号干扰率要求为 10 dB，节点的最大移动速度为 10 m/s。模拟结果显示在图 7.2 中，x 轴表示 QoS 带宽要求，y 轴表示 QoS 会话请求的调用成功率。

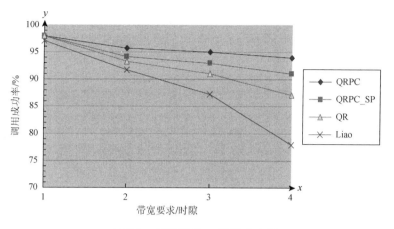

图 7.2 带宽要求 vs.调用成功率

图 7.2 中的 QRPC 表示具有功率控制的 QoS 路由协议,并且具有多路搜索的策略。QRPC_SP 表示单路径的 QRPC 协议,在服务质量路由过程中节点只有在满足 QoS 带宽要求的情况下才转发 QoS 路由请求包,目的节点只选择第一个到达的 QoS 路由请求包所发现的路径。QR 表示没有功率控制但有 SIR 保证的多路径 QoS 路由协议,因此它与没有功率控制的单路 QoS 路由的 Liao 协议一样,路径中的每个节点都使用最大传输功率进行通信。从图 7.2 中可以得到以下结果。

(1)当服务质量带宽要求比较低时,比如带宽要求是 1 个时隙时,4 种时隙分配方法的路由协议都有着接近 98%的服务质量调用成功率。当服务质量带宽要求比较高时,比如带宽要求是 4 个时隙时,具有多路搜索策略的 QRPC 协议有 94%的服务质量调用成功率,相对于其他方法有比较高的调用成功率。

(2)随着 QoS 带宽要求的提高,各种路由模式的 QoS 会话请求的调用成功率均明显下降。这是因为在带宽资源非常有限的无线自组网中,越高的带宽要求就越难得到满足。

(3)与 Liao 协议相比较,采用了多路径路由模式的 QRPC 和 QR 有较高的调用成功率。特别是当带宽要求比较高的时候,多路径 QoS 路由模式明显改善了 QoS 会话请求的调用成功率。

(4)与 Liao 协议相比较,同样采用单路路由模式的 QRPC_SP 具有较高的调用成功率。与 QR 相比较,同样采用多路路由模式的 QRPC 协议也具有较高的调用成功率。这是因为在路由过程中采用了功率控制和信号干扰率保证后,路由过程中所找到的 QoS 路径上各节点使用合适的传输功率进行通信,有效降低了相邻节点之间的信号干扰,使得网络中的空闲资源能够得到更好的利用,从而满足更多的 QoS 会话请求。因此,具有功率控制的 QRPC 和 QRPC_SP 协议都改善了 QoS 会话请求的调用成功率。

3. 信号干扰率要求对调用成功率的影响

第三组模拟实验研究不同的信号干扰率要求对 QoS 会话请求的调用成功率的影响。在图 7.3 中,假设网络中每隔 20000 ms 产生 1 个 QoS 会话请求,带宽要求为 2 个时隙,节点的最大移动速度为 10 m/s。

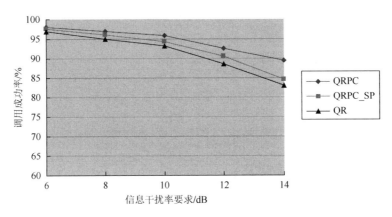

图 7.3　信号干扰率要求 vs. 调用成功率

模拟结果显示在图 7.3 中,x 轴表示 QoS 信号干扰率要求,y 轴表示 QoS 会话请求的调用成功率。从图中可以得到以下观察结果。

(1) 当信号干扰率要求为 6 dB 时,三种方法的调用成功率都在 95%以上;当信号干扰率要求为 12 dB 时,QRPC 方法有 93.2%的调用成功率。

(2) 在带宽要求不变的情况下,随着 QoS 信号干扰率要求的提高,各种路由的调用成功率均下降。这是因为越高的信号干扰率要求就意味着节点需要使用越大的传输功率,因此在通信过程中将会给周围邻居节点带来更多的干扰,这就使得后来到达的 QoS 会话请求更难得到满足,从而导致网络中有更多的拥塞调用。

(3) 在带宽要求不变的情况下,具有功率控制的路由协议的调用成功率高于没有功率控制的路由模式。即使是单路路由的 QRPC_SP 的调用功率也要略高于没有功率控制的多路路由的 QR。在没有功率控制的 QR 模式中,每个节点使用最大传输功率进行通信,这将会给其他节点带来更多的干扰,QoS 会话请求的信号干扰率要求更难得到满足,从而导致网络中有更多的拥塞调用。

随着 QoS 信号干扰率要求的提高,采用了功率控制的 QRPC 协议和 QRPC_SP 协议的调用成功率下降得更缓慢一些。这是因为功率控制使得节点在预留的时隙内使用合适的传输功率,对周围邻居节点的信号干扰较小。因此,周围邻居节点有更多的合格时隙来满足 QoS 会话请求。特别是当信号干扰率要求比较高的时候,功率控制的方法明显改善了调用成功率。

4. 网络负载对调用成功率的影响

第四组实验研究不同的通信负载对 QoS 会话请求的调用成功率的影响。在本节中,通信负载被定义为 QoS 会话请求的到达速率。假设无线网络中 QoS 会话请求的到达速率分别为 1/20 000,1/10 000,1/5 000,1/2 500,1/1 000,1/500 和 1/250,用来表示不同的通信负载。假设 QoS 带宽要求为 2 个时隙,信号干扰率要求是 10 dB,节点的最大移动速度为 10 m/s。

模拟结果显示在图 7.4 中,x 轴表示通信负载,y 轴表示 QoS 会话请求的调用成功率。从图 7.4 中可以得到以下观察结果。

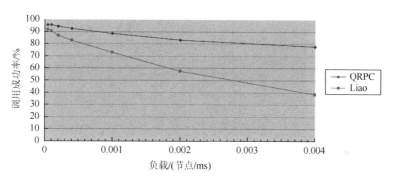

图 7.4 负载 vs.调用成功率

(1) 当网络负载为 1/20 000 时,两种方法的调用成功率都在 90%以上;当网络负载为 1/250,两种方法的调用成功率分别下降为 78%和 39%。

(2) 当网络中的负载很轻时,网络中节点的大多数时隙都是空闲的。由于 QoS 会话请求的数目不多,节点之间的干扰很小,所以很容易满足路由请求的带宽和信号干扰率要求。因此,两种协议的调用成功率都很高。当网络负载很重时,网络中节点的时隙频繁地被用于数据传输,并且网络中相邻节点之间的干扰越来越大,越来越多的路由请求包被丢弃。因此造成两种协议的 QoS 会话请求的调用成功率迅速下降。

与 Liao 协议相比较,QRPC 协议有较高的调用成功率。因为在各种不同的网络负载情况下,多路搜索的方法降低了系统拥塞。另一方面,采用控制传输功率的方法明显减轻了网络中相邻节点之间的信道干扰。特别是当网络负载比较重的时候,QRPC 协议对于调用成功率的改善更加明显。

5. QoS 带宽要求对路由代价的影响

第五组实验研究了各种协议的路由代价。路由代价被定义为在路由过程中中间节点处理的路由请求包的总数除以 QoS 会话请求的总数。即对于一次 QoS 会话连接请求来说，中间节点转发的路由请求包的平均数目。

假设网络中每隔 20 000 ms 产生 1 个 QoS 会话请求，信号干扰率要求是 10 dB，节点的最大移动速度为 10 m/s。模拟结果显示在图 7.5 中，x 轴表示 QoS 带宽要求，y 轴表示路由代价。从图中可以得到以下观察结果。

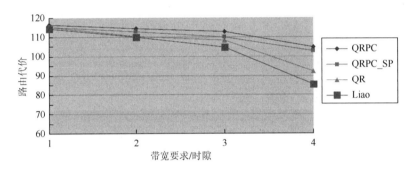

图 7.5 带宽要求 vs. 路由代价

（1）当 QoS 带宽要求提高时，网络中的拥塞情况变得更为严重，许多 QoS 路由请求包由于不满足 QoS 带宽要求和信号干扰率要求而丢弃，中间节点处理的路由请求包的数目也随之下降。因此各种路由模式的路由代价均随着带宽要求的提高而下降。

（2）与其他路由模式相比较，采用了多路搜索和功率控制的 QRPC 协议的路由代价是最高的。为了提高调用成功率，中间节点转发了更多的路由请求包来建立多条并行路径来满足 QoS 带宽要求，因此付出的代价要高于单路路由协议 QRPC_SP。

由于具有功率控制和信号干扰率保证，QRPC 协议能使节点在传输过程中减少对周围邻居的信号干扰，周围邻居节点有更多的合格时隙来满足 QoS 信号干扰率要求，这在一定程度上也改善了调用成功率，因此，付出的代价要高于没有功率控制的路由模式。

第8章 基于时分多址最大带宽预留优先服务质量路由协议的时隙分配

近年来，人们采用 TDMA 作为 MAC 层协议来满足应用的服务质量要求。基于调度的 MAC 协议一般分为两类：依赖于拓扑的调度和拓扑透明的调度。前者是一个避免冲突的调度，通过使用网络拓扑信息来最大化系统的性能。

在假设的 TDMA 的信道通信模型中，一条链路中一个时隙的使用依赖于相邻的 2 跳链路上时隙的分配状况。在基于 TDMA 的服务质量路由协议中，不可避免地要把时隙分配和干扰考虑进来。在基于时分多址覆盖码分多址的无线自组网的服务质量路由协议中，一条链路中一个时隙的使用仅仅依赖于相邻的 1 跳链路上时隙的分配状况。当应用的带宽要求很高或网络中的资源稀少时，如果单路径服务质量搜索不能找到一条路径来满足带宽要求，可以用多路径服务质量路由协议来提供服务质量支持。

在无线网络中，通过不同的时隙分配算法，一条路径能够获得不同的带宽。本章采用一种高效的时隙分配算法，使一条路径能够得到尽可能多的带宽。我们将这种时隙分配算法与多路径路由协议相结合，构成一种最大带宽预留优先时隙分配的多路服务质量路由协议。

在 Lin[37] 提出的服务质量路由协议中，每个流通过节点广播路由控制包来估计可获得的带宽。如果路径能够满足带宽要求，则在该路径中为每个节点预留时隙。在 Jawhar 等[48] 提出的服务质量路由协议中，每个流通过基于 DSR 的路由搜索过程来估计网络中可获得的带宽，动态地改变预留时隙的数目。

当一个源节点 S 想搜索一条到达目的节点 D 的满足带宽要求的路径时，源节点向网络中广播一个 QREQ 包，带宽要求用时隙数据来表示。带宽有一个可以变化的范围，即 $[B_{min}, B_{max}]$。如果链路可获得的带宽在此范围之内，则 QREQ 包将被转发出去。在 QREQ 包中的 PATH 域包含了所遍历的链路信息，NH 域包含了上一跳节点可以用于发送的时隙集合，B_{cur} 域是当前分配路径链路上的时隙数目。如果节点收到的 QREQ 包是重复的，则丢弃这个 QREQ 包，否则为当前发现的路径链路分配时隙。更新 B_{cur} 域和 NH 域后，节点广播 QREQ 包。

如果被分配的时隙数目小于 B_{cur}，该链路会成为一条瓶颈。通过从相邻链路上释放一部分时隙，节点试图为链路分配更多的时隙。当节点分配的时隙数目没有超过 B_{min}，它将从相邻链路上偷取时隙，并为链路分配 B_{min} 个时隙。

图 8.1 显示的是动态范围资源预留协议的降级处理过程。数据流已经在节点 5 和 6 之间的链路上预留了时隙，这两个节点分别是节点 3 和节点 4 的邻居。一个 QREQ 包从源节点 S 发出，经过节点 1、2 和 3 转发，如果节点 4 不能分配足够的时隙给链路（3, 4），则节点 4 检查相邻链路上的数据流信息。如果邻居链路预留的时隙数目超过其 B_{min}，则节点 4 试图偷取一些多余的时隙，并把偷取的时隙分配给链路（3, 4）。如果有多条相邻的链路数据流存在，则节点 4 优先选择涉及降级处理的相邻链路的最小数目的时隙。降级处理的最后结果被添加到 QREQ 包中的 PATH 中。

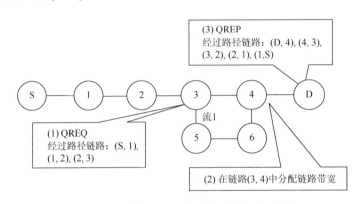

图 8.1 动态范围资源预留协议的降级处理过程

当网络变得拥塞时，将很难发现一条合适的路径来满足应用所需的带宽要求。在这种情况下，多路径服务质量路由方法通过把多条路径上预留的带宽相加，来满足应用所需的带宽要求。

当目的节点 D 接收一个路由请求包 QREQ 时，如果不能满足服务质量要求，它等待接收其他的 QREQ 包。如果目的节点 D 接收到多个 QREQ，其中的 PATH 字段包含的路径将成为候选路径。在进行多路通信时，必须尽可能地避免多路径之间的预留时隙的冲突问题。在按需式链路状态多路服务质量路由协议中，目的节点 D 从源节点到目的节点的路径中选择多条路径，这些路径可获得的带宽之和能够满足应用的带宽要求。目的节点选择的多条路径可能会有公共的中间节点，这将造成时隙预留的冲突问题。其原因在于，多条被选择的路径的公共中间节点可能会对相同的时隙预留多次从而造成冲突。

8.1 最大带宽预留优先的服务质量路由协议

8.1.1 定义和假设

为了避免多条路径之间存在的时隙预留冲突问题,本章假设由目的节点根据当前网络的情况负责路径的时隙分配。当目的节点 D 接收源节点 S 发来的 QREQ 包时,每条链路的链路带宽都能够得到满足。在一条路径中,两个相邻节点的公共空闲时隙的个数表示这两个节点之间链路的带宽。

采用合适的算法进行时隙分配时,一条路径的各条链路上分配的空闲时隙毫无冲突,并且每条链路分配的时隙个数都是相等的。每条链路上可获得的相等的时隙数目称为路径带宽。时隙分配的目的是尽可能多地分配更多的链路时隙,这样能获得最大的路径带宽。

假设一条路径由 K 条链路组成,等式(8-1)表示路径的每条链路带宽都是相等的,即

$$\sum_{j=1}^{N_D} a(1,j) = \sum_{j=1}^{N_D} a(2,j) = \cdots = \sum_{j=1}^{N_D} a(K,j) \tag{8-1}$$

式中:$a(i,j)$ 表示在链路 i 上时隙 j 的分配状态。如果 $a(i,j)$ 的值为 1,表示时隙 j 被分配在链路 i 上。如果 $a(i,j)$ 的值为 0,表示时隙 j 没有被分配。

等式(8-2)表示路径带宽 b_{route} 就是这条路径中最大的链路带宽,在所有链路带宽中找出的最大值就是最大链路带宽。

$$b_{\text{route}} = \text{Max}\left(\sum_{j=1}^{N_D} a(i,j)\right) \tag{8-2}$$

不等式(8-3)表示在时分多址信道模型中相同的时隙 j 不能分配给一条路径连续的三条链路上。

$$a(i-1,j) + a(i,j) + a(i+1,j) \leqslant 1 \quad (2 \leqslant i \leqslant K-1,\ 1 \leqslant j \leqslant N_D) \tag{8-3}$$

不等式(8-4)表示链路中只有空闲的时隙才能够被分配。

$$s(i,j) + a(i,j) \leqslant 1 \quad (1 \leqslant i \leqslant K,\ 1 \leqslant j \leqslant N_D) \tag{8-4}$$

式中:$s(i,j)$ 表示时隙 j 在链路 i 中的状态。如果 $s(i,j)$ 的值为 0,表示时隙 j 为空闲状态。如果 $s(i,j)$ 的值为 1,表示时隙 j 已被占用而不能分配。

根据这些公式,由目的节点找到最大可获得带宽的时隙分配方法。

8.1.2 最大带宽预留优先服务质量的路径发现

当一个源节点 S 想找到能够达到目的节点 D 的、满足带宽要求 B 的路径时，广播一个 QREQ 包。QREQ 包包含了下列信息：(S, D, id, $PATH$, NH, B)。$PAHT$ 域记录着路由请求包所遍历的路径链路信息，最初 $PATH$ 的值为空。NH 域记录着 $PAHT$ 中节点的相邻节点的时隙状态信息。当网络中的中间节点 j 接收到邻居节点 i 转发来的路由请求包时，如果以前接收到相同的包则丢弃它；如果 j 没有包含在 NH 中则丢弃包；否则，计算上一跳链路的链路带宽。只要链路带宽不为空，将链路 (i,j) 的带宽添加到 $PATH$ 域中，并且把 j 的邻居节点的时隙状态信息放到 NH 域中。假设由目的节点负责路径中各个节点避免冲突的时隙预留，因此在路由请求包遍历的过程中，中间节点将不会分配时隙或执行降级处理。

8.1.3 最大带宽预留优先的时隙分配算法

最大宽带预留优先的时隙分配算法协议中，目的节点基于最大带宽预留优先的时隙分配算法，计算路径最大可预留的带宽。时隙分配从具有最小链路带宽的瓶颈链路开始，如果一条路径中瓶颈链路的个数超过 1，则选择第一条瓶颈链路开始分配时隙，并且该链路被标识为 s。在下列的伪代码描述中，i 表示正在分配时隙的链路的序列号，初始值为 s；K 表示路径中链路的个数；b 表示路径可获得的带宽，用可预留的时隙个数来衡量。以下是最大带宽预留优先的时隙分配算法伪代码。

```
BEGIN
    if(n==1)s=No.of bottleneck;
    else     s=min(No.of the bottlenecks);
    w=g/3;
    LABLE1:i=s;
    LABLE2:select_w_slots;
    if(select_w_slots==TRUE)
    {
    delete above selected w free slots on link i-2,i-1,i+1,i+2;
        if(i !=K)
```

```
                {
i=i+1;
                    LABLE3:select_w_slots;
                    if(select_w_slots==TRUE)
                    {
delete above selected w free slots on link i-2,i-1,i+1,i+2;
                        if(i==K)
                        {
b=w;
                            exit(0);
                        }
                    else
                        {
i=i+1;
                            goto LABLE3;
                        }
                    }
                }
    else
    {
w=w-1;
                    LABLE1;
    }
}
else
{
w=w-1;
                goto LABLE2;
}
END
```

如果可获得的路径带宽 BW 超过了带宽要求 B，则该协议就是单路径 QoS 路由协议。否则，目的节点 D 等待下一个到达的路由请求包。当第二个路由请求包到达目的节点时，具有全局时隙信息的目的节点通过使用最大带宽预留优先的时隙分配算法，计算出第二条路径带宽 B'。如果 B 与 B'之和能够满足带宽要求 B，多路径 QoS 路径选择和预留过程结束；否则，目的节点 D 等待第三个到达的路由请求包。

8.2　模拟实验与分析

8.3.1　模拟实验环境的建立

本节将通过模拟实验来验证所提出协议的性能，网络的拓扑结构和参数描述如表 8.1 所示。

8.1　网络拓扑结构和模拟参数表

参数	数值及单位
模拟区域范围	200 m×200 m
移动节点数目	20 个
无线传输范围	30 m
移动模型	random waypoint model
移动速度	$0 \sim V_{max}$ m/s
暂停时间	0 s
数据时隙数目	16 个
数据时隙长度	5 ms
控制时隙数目	20 个
控制时隙长度	0.1 ms
帧的长度	82 ms

8.3.2　模拟实验结果和分析

在本节中，将动态范围资源预留（dynamic range resource reservation，DRRR）协议，多路径动态范围资源预留（multi-path DRRR，MP-DRRR）协议和本章所提协议（our protocol）进行比较。图 8.2 显示了平均的总传输数据量 T 的模拟实验结果，其中，

$T = \sum_{i=1}^{N} T_i / N$,$T_i$ 表示第 i 个流的总数据量。图中的 y 轴表示相对于 DRRR 协议来说,对 T 值改进的比例 T_i。图中的 x 轴表示数据流的平均数目。

从图 8.2 中我们可以看到,多路径 DRRR 协议没有增加 T_i 的值。而另一方面,我们所提出的协议能够发现更多的可获得的带宽,并且 T_i 明显增加。在所提出的协议 our protocol 中,当平均数据流的数目是 5 时,T_i 的值是 1.2%;当平均数据流的数目是 10 时,T_i 的值是 1.15%。但是平均流的数目增加得越多,T_i 的值减少得越多。这是因为当网络变得拥塞时,节点可获得的带宽数目减少。但是,协议在各种流量条件下都能够得到更高的 T_i 值。

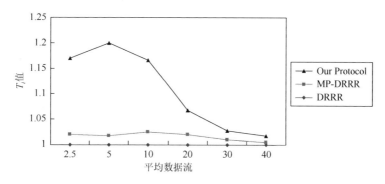

图 8.2 总的传输数据量

第 9 章　基于时分多址定向天线多播服务质量路由协议的时隙分配

本章讨论基于 TDMA 信道模型的无线自组网中 QoS 支持的多播路由问题，提出一种带有定向天线的多播服务质量路由协议[82]，并分析该多播服务质量路由协议的性能[83]。带有定向天线的多播路由协议能够为一个源节点和多个目的节点之间的会话连接建立一棵多播树，多播树中从源节点到目的节点的每条路径都能满足应用所需的服务质量带宽要求。

9.1　基于定向天线的时隙分配方法

在无线网络中，节点通过使用一种全方向的天线模式来传递数据包。这种全方向天线把节点功率平均地向所有方向进行辐射。在前几章提出的服务质量支持的路由协议中，所有节点都是采用这种全方向天线模式来进行数据传输。而定向天线允许一个发送节点在一个特定的方向上传输数据包，与此同时一个接收节点把它的天线指向特定的方向上接收数据包。

使用定向天线技术能够带来下列好处：①数据只向特定的方向传输，因此节点可以使用较少的能量来传输数据包；②其他节点能够使用发送节点的周围区域来传输数据包，因此提高了空间的重用性；③路径有比较少的跳数，因此有比较低的传输延迟[84]。多光束自适应数组（multibeam adaptive array，MBAA）能够在不同的方向上形成多条光束，用来实现节点同时进行数据传输或数据接收[85]。

近年来，人们提出了许多基于时分多址的服务质量多播路由协议。Chen 提出了一种六边形树的服务质量多播路由协议[86]。Ke 提出了一种多约束条件的服务质量支持的多播路由算法[87]。Zhao 提出了一种可靠的基于链路质量的多播路由算法[88]。在此基础上，Han 和 Guo 研究了避免冲突的多播路由问题，提出了两种基于遗传的算法[89]，分别能够减少链路干扰和降低多播路径的延迟。

上述这些方法都是使用全方向天线来分配带宽。在无线网络中，只有非常有限的带宽分配方法使用了定向天线技术。Jawhar 和 Wu 研究了使用定向天线的无线自组网中资源调度的问题，通过调整光束宽度的方法能够广播数据信息[84]。

图 9.1 显示了一个节点带有定向天线的模式。图 9.1（a）显示了一个节点的传输模式，实线表示发送扇形。节点只向扇形方向发送数据，而不向其他方向发送数据。图 9.1（b）显示了一个节点的接收模式，虚线表示接收扇形。节点只接收来自扇形方向的数据，而不接收来自其他方向的数据。图 9.1（c）显示了传输节点和接收节点之间的通信模式。处于传输节点的发送扇形范围内的节点是一个接收节点，如果该接收节点的接收扇形指向传输节点，则传输节点可以发送数据包到接收节点。

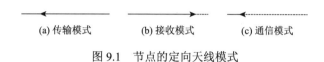

(a) 传输模式　　(b) 接收模式　　(c) 通信模式

图 9.1 节点的定向天线模式

Jawhar 和 Wu 提出了基于定向天线的带宽分配方法[84]。假设两个节点 x 和 y 是一跳邻居。如果节点 x 想传输数据包给节点 y，节点 x 必须把它的发送光束指向节点 y 的方向上，与此同时，节点 y 必须把它的接收光束指向节点 x 的方向上。

在基于时分多址信道模型的无线网络中，将时隙看作带宽。如果下列的三个条件都能够满足，则称时隙是空闲的，并能够分配用来从节点 x 发送数据包给节点 y。

（1）发送节点 x 在这个时隙 t 中没有使用任何天线接收数据，接收节点 y 在这个时隙 t 中没有使用任何天线发送数据；

（2）发送节点的任何一跳邻居节点没有在这个时隙 t 中接收数据，从发送节点的位置看去，该邻居与接收节点在相同的角度方向上。

（3）接收节点的任何一跳邻居节点没有在这个时隙 t 中发送数据，从接收节点的位置看去，该邻居与发送节点在相同的角度方向上。

9.2 基于定向天线时隙分配的服务质量路由协议

9.2.1 定义和假设

在本小节中，描述一种静态的多跳无线网络，带有无方向的网络拓扑图 G（V, L）。其中 V 代表网络中节点的集合，L 代表节点之间链路的集合。在无线网络中，假设两个节点之间的干扰范围（R_I）是节点通信范围的两倍（R_T），即 $R_I = 2 \times R_T$。

假设网络中有一个源节点 S 和一组目的节点集合 R，我们的目标是找到一个集合 T，将源节点 S 和每个目的节点 r_i（$r_i \in R$, $1 \leq i \leq m$）连接起来，从源节点 S 到每个目的节点

r_i 的路径都能够满足应用的服务质量带宽要求。假设一个多播树 $t \in T$，$l(v_i, v_j)$ 是多播树 t 中的一条链路，$l(v_i, v_j) \in t$，$v_i \in V$，$v_j \in V$。本节给出下列定义。

定义一：一个多播树的带宽被定义为多播树中路径带宽的最小值，即

$$bandwidth(T) = \text{Min}\{path\ bandwidth_i\} \quad (1 \leqslant i \leqslant m) \tag{9-1}$$

式中：$bandwidth(T)$ 表示一个多播树的带宽；Min 表示求最小值；$path\ bandwidth_i$ 表示第 i 条路径的路径带宽。

定义二：一个多播树的延迟为定义为多播树中路径延迟的最大值，即

$$delay(T) = \text{Max}\{\sum_{l_i \in paths} delay(l_i)\} \tag{9-2}$$

式中：$delay(T)$ 表示一个多播树的延迟；Max{} 表示求最大值；$delay(l_i)$ 表示第 i 条链路的传输延迟。

定义三：一个多播树的网络代价被定义为多播树中所有路径的代价之和，即

$$cost(T) = \sum^{m} cost(path_i) \tag{9-3}$$

式中：$cost(T)$ 表示一个多播树的网络代价；$cost(path_i)$ 表示第 i 条路径的网络代价。

定义四：一个多播树的网络代价是多播树中所有路径被消耗的网络资源之和。一条路径中被消耗的网络资源是被预留的路径带宽乘以该路径的跳数，即

$$cost(path_i) = path\ bandwidth_i \times hop\ number(path_i) \tag{9-4}$$

式中：$cost(path_i)$ 表示第 i 条路径的网络代价；$path\ bandwidth_i$ 表示第 i 条路径的路径带宽；$hop\ number(path_i)$ 表示第 i 条路径的跳数。

基于上述定义，满足服务质量要求的问题能够进行如下形式化说明。假设有一张图 $G(V, L)$，找到一棵树 T 使得下列的三个条件能够满足。在下列不等式中，B 表示应用所需最小的带宽要求，D 表示应用所需最大的延迟要求，C 表示应用所需最大的代价要求。不等式（9-5）表示一棵树的带宽要大于或等于应用所需的最小的带宽要求；不等式（9-6）表示一棵树的端到端延迟时间要小于等于应用所需的最大的延迟要求；不等式（9-7）表示一棵树的网络代价要小于等于应用所需最大的代价要求。

$$bandwidth(T) \geqslant B \tag{9-5}$$

$$delay(T) \leqslant D \tag{9-6}$$

$$cost(T) \leqslant C \tag{9-7}$$

定义五：在多播树中一条路径的链路 l 的带宽，是当前使用这条链路的所有路径的带宽之和，即

$$bandwidth(l) = \sum bandwidth_i \tag{9-8}$$

定义六：如果路径带宽资源的调度是避免冲突的，则这条路径中任何连续的三条链路不能分配相同的时隙。对于任何时隙 t 来说，任何避免冲突的链路带宽调度必须满足下列条件，即

$$T(l_1, t) + T(l_2, t) + T(l_3, t) \leqslant 1 \tag{9-9}$$

式中：l_1、l_2、l_3 表示一条路径中连续的三条链路；$T(l_i, t)$ 表示链路 l_i 是否使用时隙 t 来传输数据包。$T(l_i, t)$ 值为 1 表示链路 l_i 使用时隙 t，值为 0 表示链路 l_i 不使用时隙 t。

9.2.2 定向天线时隙分配的多播服务质量路由协议

1. 数据结构

在无线网络中，假设节点 x 维持着三张表，分别是发送表，接收表和跳数矩阵表。

发送表 $ST_x[i, j]$ 包含节点 x 的一跳或两跳邻居节点 i 发送数据的时隙状态。如果节点 i 的时隙 j 已经被预留发送数据，$ST_x[i, j] = 1$；如果节点 i 的时隙 j 已经被分配发送数据，$ST_x[i, j] = 0$；否则这个时隙是发送空闲的，$ST_x[i, j] = -1$。

接收表 $RT_x[i, j]$ 包含节点 x 的一跳或两跳邻居 i 接收数据的时隙状态。如果节点 i 的时隙 j 已经被预留接收数据，$RT_x[i, j] = 1$；如果节点 i 的时隙 j 已经被分配接收数据，$RT_x[i, j] = 0$；否则这个时隙是接收空闲的，$RT_x[i, j] = -1$。

跳数矩阵表 $H_x[i, j]$ 包含节点 x 的一跳或两跳邻居信息。如果节点 i 和节点 j 是一跳邻居，则 $H_x[i, j] = 1$；否则 $H_x[i, j] = 0$。

上面的三张表都包含了角度组 $A[a]$。其中的每项 $A[a]_i^j$ 表示节点 i 是否有指向第 a 个天线的光束。$A[a]_i^j = $ null 表示节点 i 没有在时隙 j 中发送和接收数据信息。

2. 多播服务质量路由协议

假设一个源节点 S 想发送数据信息给一组接收节点，带宽要求是 b 个时隙，最大延迟界限是 D。源节点 S 广播一个多播服务质量路由请求包 QREQ（S, $Destination\_Set$, id, B, D, x, $PATH$, NH, TTL）给它所有的邻居节点。多播服务质量路由请求包由下列域组成：

（1）源节点 S；

（2）目的节点集合 $Destination\_Set$；

（3）请求的序号 id；

(4)带宽要求 B;

(5)最大延迟界限 D;

(6)当前正在转发 QREQ 包的节点 x;

(7)路由包经过的路径 $PATH$;

(8)下一跳邻居节点列表 $NH((h_1', l_1'), (h_2', l_2'), \cdots, (h_n', l_n'))$，$h_n'$ 可能作为节点 x 的下一跳邻居，l_i' 是链路带宽。

(9) TTL 是经过的路径的跳数，初始值为 D。

当一个中间节点 y 接收到从上一跳邻居节点 x 广播的 QREQ 包时，它将根据 S 和 id 确定 QREQ 包是否已经接收过。如果接收过，则丢弃这个包以避免环路；如果节点 y 在路径 $PATH$ 中，则丢弃这个包；如果节点 y 不在 NH 中，则丢弃这个包；如果 TTL 的值变为 0，则丢弃这个包；否则 TTL 的值减去 1，并将节点 y 加到 $PATH$ 中。

节点 y 创建一个临时的发送表 ST_{temp} 和接收表 RT_{temp}。将节点 y 的发送表 ST_y 和接收表 RT_y 分别复制到两个临时表中。对于列表 $l_i(i = m, m+1)$ 中的每个时隙 t，分配 $ST_{temp}[h_j, t] = ST_{temp}[h_{j+1}, t] = 0$。节点 y 临时的下一跳邻居列表 NH_{temp} 设置为空。为了避免隐藏终端问题，相同的时隙不能同时分配给连续的三条链路上。

对于节点 y 的每个一跳邻居节点 z，计算 $L = \text{select\_slot}(y, z, B, ST_{temp}, RT_{temp})$。函数 select_slot（）根据两个临时表从链路（y, z）中找到 b 个空闲的时隙。如果 L 不为空，则将（z, L）添加到 NH_{temp}。否则，丢弃这个 QREQ 包，因为节点 y 不能发现下一跳邻居节点，使得链路带宽能满足应用的带宽要求 B。这主要是依赖于定向天线的时隙分配规则来做选择。如果下列三个条件满足，则时隙 t 能够分配给链路（y, z）。其中 $A_y^w \wedge A_y^z \neq \varphi$ 表示从 y 的角度上看，一跳邻居节点 w 和节点 z 在同一方向上。

条件一：$(RT_{temp}[y, t] = -1) \wedge (ST_{temp}[z, t] = -1)$

这个条件显示节点 y 在时隙 t 中没有在任何方向上接收数据信息，节点 z 在时隙 t 中没有在任何方向上发送数据信息。

条件二：$(H_y[y, w] = 1)(RT_{temp}[w, t] = -1) \wedge (A_y^w \wedge A_y^z \neq \varphi)$

这个条件表示节点 y 的邻居节点 w 没有在时隙 t 中接收数据信息，从节点 y 的角度上看，一跳邻居节点 w 和节点 z 在同一方向上。

条件三：$(H_y[z, w] = 1) \wedge (ST_{temp}[w, t] = -1) \wedge (A_z^w \wedge A_z^y \neq \varphi)$

这个条件表示节点 z 的邻居节点 w 没有在时隙 t 中发送数据信息，从节点 z 的角度上看，一跳邻居节点 w 和节点 y 在同一方向上。

完成上面的时隙分配后，一个新的 QREQ 包将广播出去，如果 NH_{temp} 不为空则将选择的时隙从空闲状态改为分配状态。当目的节点 D_i（$D_i \in Destination\_Set$）接收到第一个 QREQ 包时，发现了一条路径 p_1。路径带宽是这条路径 PATH 中链路可获得时隙的最小数目。当收到所有的 QREQ 包后，目的节点 D_i 发送一个 QREP 包，沿着与 PATH 相反的方向回到源节点 S。

当源节点 S 接收到 Destination_Set 中的所有目的节点发出的 QREP 包时，计算一个多播树可获得的带宽和延迟。当下列的两个条件满足时，源节点 S 发现了一棵服务质量多播树。不等式（9-10）表示所有路径的最小路径带宽要大于等于应用的最小带宽要求，不等式（9-11）表示所有路径的最大端到端延迟要小于等于应用的最大延迟界限。

$$\text{Min}\{B_i\} \geqslant B \tag{9-10}$$

$$\text{Max}\left\{\sum_{l_i \in PATHs} delay(l_i)\right\} \leqslant D \tag{9-11}$$

式中：b_i 表示第 i 条路径的带宽；$delay(l_i)$ 表示第 i 条路径的延迟；D 表示最大延迟界限；b 表示应用的最小带宽要求。

9.3 模拟实验与分析比较

在本节中，使用网络模拟器 ns 2 来模拟所提协议的性能。假设 50 个节点随机放在 1 500 m×300 m 的区域中。每个连接请求随机地选择源结点-目的节点集合对。一个帧中包含 32 个时隙，一个时隙的数据率是 512 Kbps。节点的最大移动速度是 1 m/s，源节点的数目是 1。假设网络中无线节点的最大传输范围是 250 m，无线节点之间的干扰范围是 500 m。

图 9.2 显示在不同数量目的节点的网络环境下使用不同时隙分配的路由协议数据包的传输率。将提出的带有定向天线时隙分配的服务质量多播路由协议 QMRPDA 与多播路由协议 MAODV、单播路由协议 AODV 进行比较。假设在 QMRPDA 协议中，无线网络中的节点带有 4 个方向的定向天线。

在图 9.2（a）中，当目的节点的数目增加时，多播路由协议 MAODV 的包传输率增加，而单播路由协议 AODV 的包传输率反而减少。在图 9.2（b）中，当目的节点的数目增加时，QMRPDA 协议和 MAODV 协议都有更高的包传输率。除目的节点的数目是 10，这两种多播路由协议的包传输率分别超过了 97%和 94%。当目的节点的数目增加时，QMRPDA 协议的包传输率超过 MAODV 协议。这是因为带有定向天线的时隙分配的服务质量多播路由协议通过使用定向天线技术提高了空间重用率，因此网络中的无线节点有更

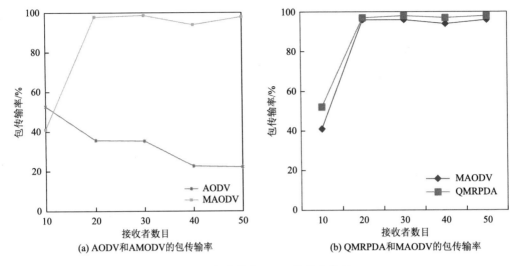

图 9.2 包传输率 vs. 目的节点数目

多的空闲时隙可以分配给其他的路径。通过在路由选择过程中分配时隙时引入定向天线技术，QMRPDA 协议有更高的包传递率。

图 9.3 显示在不同网络环境下使用不同时隙分配的多播路由协议的调用成功率。假设在 QMRPDA 协议中，节点带有 4 个方向的定向天线。在网络中目的节点的数目非常少或应用的带宽要求非常低的情况下，MAODV 多播路由协议与所提出的 QMRPDA 协议有几乎相同的调用成功率。但是，随着目的节点数目的增多或者带宽要求的提高，QMRPDA 协议的调用成功率超过 MAODV 多播路由协议。

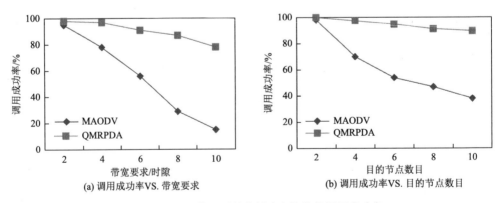

图 9.3 不同环境下两种多播路由协议的调用成功率

在图 9.3（a）中，当带宽要求增加时，QMRPA 协议的调用成功率从 97% 降为 78%，而 MAODV 多播路由协议的调用成功率由于网络拥塞而迅速下降。在图 9.3（b）中，当目的节点的数目增加时，不同路径中链路之间的干扰也会增加。QMRPDA 协议通过使用定向天线技术，降低了链路之间的干扰。因此，随着目的节点数目的增加，QMRPDA 协议的调用成功率降低会慢一些。

图 9.4 显示在不同网络环境下使用不同时隙分配的多播路由协议的网络负载。在网络中目的节点的数目非常少或应用的带宽要求非常低的情况下，MAODV 多播路由协议与所提出的 QMRPDA 协议有几乎相同的网络负载。但是，随着目的节点数目的增多或者带宽要求的提高，QMRPDA 协议的网络负载低于 MAODV 多播路由协议。

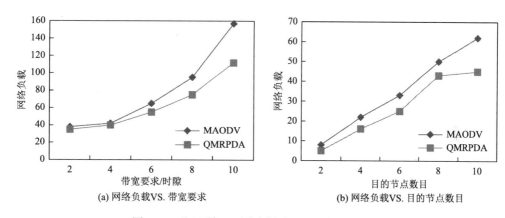

图 9.4 不同环境下两种多播路由协议的网络负载

在图 9.4（a）中，当应用的带宽要求增加时，QMRPDA 协议的网络负载增加得要比 MAODV 缓慢一些。在图 9.3（b）中，当目的节点的数目增加时，链路之间的干扰也将增加，链路上可获得的带宽将减少。尽管 MAODV 协议选择具有最小网络负载的多播树，但是这些路径并不都满足服务质量带宽要求。因此，MAODV 协议的网络负载高于 QMRPDA 协议。

第 10 章　基于时分多址无线网络延迟带宽保证的时隙分配方法

TDMA 是无线网络中多个节点共享可用带宽的信道访问方法，每个节点用时隙调度的机制避免冲突[90]。与基于竞争的方法相比较，TDMA 能够获取较好的稳定的传输行为[91]。

本章提出一个时隙分配方法，在保证路径带宽的同时能够计算端到端的延迟。在基于 TDMA 的无线网络中，为了实现两个节点之间的通信，有两个主要的步骤要执行：一是在源节点和目的节点之间找到一条路径；二是为路径中每个节点选择并且获取时隙。在本章中，假设第一个步骤采用 Yuan 等提出的路由机制来找到源节点和目的节点之间的路径[92]，第二个步骤时隙分配方法是本章研究中关注的重点内容。

在多跳的无线网络中为了实现实时通信，端到端的延迟是一个至关重要的 QoS 度量标准。端到端的延迟是一个数据分组（数据包）从源节点到达目的节点的总的延迟时间，这个总的延迟时间根据所选择的路径和采用的 TDMA 调度算法而改变。一个数据包一旦被一个节点接收，该数据包在被传输出去之前，该节点等待的时间就是 TDMA 调度在这一跳产生的延迟。TDMA 调度延迟是在路径中每一跳这种延迟的总和。假设 S_i 是 N（$N \geqslant 2$）跳的数据流 f 中第 i 个节点上分配的一个时隙，F 是 TDMA 帧的长度，$SlotDur$ 是每个数据时隙的持续时间，$D(f)$ 是数据流 f 的端到端传输延迟，端到端传输延迟 $D(f)$ 通过式（10-1）来计算。

$$D(f) = \begin{cases} \sum_{i=1}^{N-1}(S_{i+1} - S_i) \times SlotDur & \text{if } S_{i+1} > S_i \\ \sum_{i=1}^{N-1}(F - S_i + S_{i+1}) \times SlotDur & \text{otherwise} \end{cases} \quad (10\text{-}1)$$

如果路径中每个节点分配的时隙都大于它前一个节点分配的时隙，则时隙数值差乘以时隙持续时间就是一跳延迟时间，总的传输延迟是路径中每一跳延迟时间的总和；反之，一个帧的总时隙数减去前一跳时隙数再加上后一跳时隙，最后再乘以时隙持续时间才是一跳的延迟时间。

如图 10.1 所示的网络拓扑图，假设最初时所有的帧都完全没有被占用。一个 5 跳的数据流经过 A、B、C、D、E 到达 F 节点，如果按照相反的次序给每个节点分配时隙，即为节点 A 分配时隙 5，为节点 B 分配时隙 4，为节点 C 分配时隙 3，为节点 D 分配时隙 2，为节点 E 分配时隙 1。当数据包在第一个 TDMA 帧的时隙 5 传送到达节点 B 时，必须等到下一个 TDMA 帧时隙 4 才能传送出去。所以当数据包从源节点 A 到达目的节点 F 时，端到端的延迟是 4 个 TDMA 帧，这是一个较长的端到端延迟时间。

数据流中每个节点的时隙选择对于数据流的端到端延迟都有重要的作用。如果我们换一种时隙分配方法，可以得到最小可能延迟（minimum possible delay，MPD）。假如按照顺序给每个节点分配时隙，即为节点 A 分配时隙 1，为节点 B 分配时隙 2，为节点 C 分配时隙 3，为节点 D 分配时隙 4，为节点 E 分配时隙 5，端到端的延迟是 4 个时隙，这是最小的端到端延迟。但是这种最小端到端延迟的时隙分配方式并没有考虑时隙的空间重用性，空间重用性对于提高带宽利用效率和调用成功率是非常重要的，尤其是在网络负载较重的情况下。

如果采用空间重用的时隙分配方法，为节点 D 分配与 A 相同的时隙，为节点 E 分配与 B 相同的时隙。这是因为相邻 3 跳的邻居节点可以使用相同的时隙用于传输信息而不会相互干扰。如果为节点 A 分配时隙 1，节点 B 分配时隙 2，节点 C 分配时隙 3，节点 D 分配时隙 1，节点 E 分配时隙 2 来传输数据流，则端到端的延迟是 1 个帧加 2 个时隙。在节点 D 处有两种时隙分配的选择，要保证最小延迟则选择时隙 4 分配给节点 D，要保证空间重用则选择把时隙 1 分配给节点 D。

假如除了从 A 到 F 的数据流外，无线网络中还有一条从 G 到 C 的数据流，这可能导致在两条路径上完全不同的时隙分配方法。如果从 A 到 F 的数据流依然采用最小可能延迟分配算法，则给 G 分配的任何时隙将会与时隙{1，2，3，4，5}产生冲突，因为这些时隙被节点 G 的 2 跳内的邻居节点使用。如果想保证空间重用性，则从 A 到 F 的数据流只分配时隙{1，2，3}，就可以为 G 分配时隙 4 用于传输数据信息。因此，用 MPD 时隙分配算法能够得到数据流的最小可能的端到端延迟，而另外一种方法能保证空间重用性但会产生更多的延迟。在空间重用的情况下，TDMA 帧会出现更少的拥塞并且能在网络中容纳更多的数据流。上述两种时隙分配方法都有各自的优点和缺点，本章将试图在两者之间找到一个平衡。

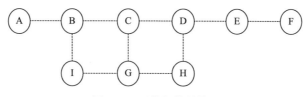

图 10.1　网络拓扑结构图

已经有大量的参考文献描述了在分布式 TDMA 环境中如何保证 QoS。Gore 等提出了基于空间重用的时隙分配方法，能够获得更高的带宽利用效率，但是缺乏对数据流端到端延迟要求的保证[93]。Djukic 等讨论了往返延迟和空间重用，但是通过启发式模型确定的时隙忽略了这些时隙被占用的状态，这使得在实际情况下无法去使用这些时隙[94]。Chaudhary 等提出将时隙分配和帧的长度进行联合优化[95]。Djukic 等提出延迟感知的 TDMA 调度，在时隙分配之后以及数据传输之前确定端到端的延迟，但无法将延迟限制在一个给定的范围内[96]。Kanzaki 等提出的 TDMA 时隙分配方法能够动态地改变 TDMA 帧的长度以提高信道利用率，但这种算法分配给节点的一个可获得的空闲时隙，在很多情况下会造成更多的延迟[97]。本章将在对给定的数据流中每个节点进行时隙分配的过程中，寻找满足端到端延迟要求和利用空间重用性满足带宽要求之间的平衡。

10.1 延迟感知的时隙分配算法

假设系统配有无线网络基于 TDMA 的路由协议能够找到源节点到目的节点之间的一条路由路径。除了时隙分配方法外，路由协议获取的一个给定数据流的路由路径也能够影响端到端的延迟。假设每个节点以标志消息的形式在控制时隙中传输它自己的信息和 1 跳邻居节点的信息，并且通过听到邻居节点发出的标志消息来传递 2 跳邻居信息。节点的 2 跳邻居信息在寻找空闲时隙并分配给其他节点使用的过程中是非常重要的。

本章所提出的算法期望每个节点都选择一个时隙来进行给定数据流的数据传输，希望每个节点选择的时隙在利用空间重用性的同时又能引起比较少的端到端延迟。表 10.1 中为算法 1 中标记的含义。

表 10.1 算法 1 中各标记对应的含义

标记名	含义
S_{pre}	之前节点使用时隙集合
N	数据流的跳数
F	帧中数据时隙的数目
SlotLeng	时隙持续时间
P	前一个节点使用的时隙
D_{max}	接受的最大端到端延迟
D	每一跳接受的最大延迟
S_{idle}	2 跳邻居空闲时隙集合
S	当前节点选择的时隙
$S_{spatial}$	2 跳重用空闲时隙集合

续表

标记名	含义
S_{other}	不重用空闲时隙集合
Δ_{spmin}	重用时隙中最小延迟
S_{spmin}	最小延迟的重用时隙
Δ_{min}	不重用时隙最小延迟
S_{min}	最小延迟的不重用时隙

假设一个给定数据流的端到端传输延迟要求是 D_{max},沿着路径每一跳的延迟之和不能超过 D_{max}。我们的算法限制每一个节点只选择一个时隙,使得节点选择该时隙时在这一跳产生的延迟不会超过每跳延迟限制 D($D=D_{max}/N$),其中 N 是数据流的跳数。每跳延迟限制 D 有助于将端到端的传输延迟约束分散到数据流的所有节点中去。数据流中的跳数可以通过像 AODV 那样的路由协议来获取。当源节点想找到一条到达目的节点的路径时,源节点将发出一个路由请求包。如果发现了路径,则源节点将接收到一个由目的节点发送的路由应答包,该路由应答包包含了这条路径的跳数以及路径的其他信息。

在为节点选择时隙的过程中,每个节点将 2 跳内邻居节点的空闲时隙 S_{idle} 分成两个集合:空间重用的时隙集合 $S_{spatial}$ 和空间不能重用的时隙集合 S_{other}。空间重用的时隙集合 S_{spaial} 是节点当前 2 跳邻居范围内空闲时隙集合 S_{idle} 与这个流在本节点之前所有节点所使用的时隙集合 S_{prev} 之间的交集,即满足不等式(10-2)。空间不能重用的空闲时隙集合 S_{other} 是 S_{idle} 中减去 S_{spaial} 后的剩余时隙集合,即满足不等式(10-3)。

$$S_{spaial} = Intersection(S_{idle}, S_{pre}) \tag{10-2}$$

$$S_{other} = S_{idle} - S_{spaial} \tag{10-3}$$

对于空间重用的时隙集合 $S_{spatial}$ 中的每个时隙 i 来说,将计算该时隙如果被选中时产生的延迟 Δ_i。这个延迟 Δ_i 是流中前一个节点使用的时隙 S 与 S_{spaial} 中某个时隙 i 之间的时间差。这个时间差的计算可以根据式(10-2)来计算。计算 S_{spaial} 中所有时隙的延迟后,我们将找到具有最小延迟的那个时隙并将该时隙称为 S_{spmin},它产生的延迟时间称为 Δ_{spmin}。如这个时隙产生的延迟 Δ_{spmin} 小于每跳延迟限制 D,则为节点选中这个时隙,算法将结束;否则我们将转到在空间不能重用的空闲时隙集合 S_{other} 中重复上述过程,在 S_{other} 中找到具有最小延迟的时隙,将该时隙称为 S_{min},它产生的延迟时间称为 Δ_{min}。如果 $\Delta_{min} < \Delta_{spmin}$,则我们将选择空间不可重用最小时隙 S_{min}。否则,我们将选择空间可重用最小时隙 S_{spmin},选择该时隙是因为它有最小可能的延迟同时也考虑了空间重用性。

本章提出的算法概括起来是，如果被选中的时隙产生的延迟在每跳延迟限制 D 的范围内，尽量选择空间重用的、与前一个节点使用时隙相临近且在后面的那个时隙。如果没有空间重用时隙满足这个标准，则节点在所有可获得的空闲时隙中选择产生最小延迟的那个时隙，而不考虑该时隙是否有空间重用性。

值得注意的是，本章提出的算法是为路径中每个节点选择一个时隙的时隙分配算法。当选中一个时隙时，节点不会立即使用该时隙来传输数据信息，而是像文献[92]那样经历三阶段握手过程以获取被选中的时隙。节点将先请求预留时隙，然后获得来自邻居节点的应答，最后发送最终的确认预留时隙。有可能会出现这样一种情况，即两个或多个邻居节点在执行算法后可能正在选择相同的一个时隙，但只有一个节点将能够在三次握手之后获取这个时隙，只有这样做才不会在这个时隙产生冲突，其他节点将再次使用所提出的算法来选择另外不同的时隙。三次握手时隙确认过程会在流的每一跳中引起随机的延迟，但是这种随机延迟仅仅发生在带宽预留阶段，流中的每个节点在带宽预留阶段为这个流获取时隙。一旦路径中每一跳预留了时隙，流的数据分组将不会遇到任何随机的延迟，数据包在节点的延迟是等待传输时隙时所花费的时间。

下列算法 1 是本章提出的算法的伪代码。

```
//算法 1 伪代码
Select slots from($S_{pre}$, $S_{idle}$, N, F, slotLeng, $D_{max}$, S)
//如没有空闲时隙,则没有时隙被分配给节点,结束
if($S_{idle}$=null)then return 0
/*如果之前节点使用时隙集合为空,则该节点为数据流中的第一个节点,它从
  自己空闲时隙集合中选择第一个空闲时隙*/
if($S_{prev}$=null)then
$S_{selected}$=get First IdleSlot($S_{idle}$)
return $S_{selected}$
$S_{spaial}$=Intersection($S_{idle}$, $S_{pre}$)
$S_{other}$=$S_{idle}$-$S_{spaial}$
D=$D_{max}$/N
//根据前一个节点使用的时隙 S 和本节点空间重用空闲时隙集合 $S_{spatial}$ 计算最小
  延迟时隙 $S_{spmin}$
for each slot $S_i$ in $S_{spatial}$ do
```

```
if(S_i>S)then Δ_i=S_i-S
else Δ_i=F+S-S_i
Δ_spmin=find Minimum of All(Δ_i)
S_spmin=slot Corresponding to(Δ_spmin)
/*如果最小传输延迟小于每跳延迟限制 D,则为节点选中这个时隙;否则在不能重
用的空闲时隙集合 S_other 中计算最小延迟时隙*/
if(Δ_spmin *slotLeng<=D)then
S_selected=S_spmin
else
for each slot S_i in S_other do
if(S_i>S)then Δ_i=S_i-S
else Δ_i=F+S-S_i
Δ_min=find Minimum of All(Δ_i)
S_min=slot Corresponding to(Δ_min)
if(Δ_min<Δ_spmin)then S_selected=S_min
else S_selected=S_spmin
return S_selected
```

10.2 模拟实验和性能分析

实验的目的是在网络负载变化的情况下,计算端到端的延迟和调用成功率。网络负载是平均流到达的速率与平均流持续时间的乘积。在模拟实验中,将节点分别安排在串行拓扑结构以及随机拓扑结构这两种无线网络中,模拟实验中的参数见表 10.2。假设最多有 20 个节点分布在 2 000 m×2 000 m 的矩形范围内,传输范围是 300 m,每个节点具有相同的干扰范围。

表 10.2 模拟实验中的参数

标记名	含义
节点数目	20 个
帧数据时隙个数	32 个
时隙持续时间	1 ms
平均最大延迟	200 ms
传输范围	200 m

本节将分析三种不同类型的实验结果，第一种是在变化的网络负载情况下的端到端传输延迟，第二种是在变化的网络负载情况下的调用成功率，第三种是在网络负载不变、最大延迟约束 D_{max} 变化情况下的调用成功率。在模拟实验运行过程中动态地改变源节点和目的节点对。

本节将所提出的算法记为延迟带宽保证（delay bandwidth guaranteed，DBG）算法。在变化的网络负载情况下，将 DBG 算法与文献[98]提出的负载平衡（load balancing，LB）算法[98]和 MPD 算法进行比较。我们也比较了路径的跳数对端到端延迟的影响，DBG 算法在路径跳数比较多的情况下性能较好。DBG 算法的曲线位于 LB 和 MPD 曲线的中间，显示 DBG 算法在另外两种算法之间进行了折衷。

图 10.2 显示的是三种时隙分配方法在随机拓扑结构中不同网络负载下的调用成功率。随机拓扑结构网络中 DBG 算法能够获取比 MPD 算法更高的调用成功率，这是因为 DBG 算法利用了空间重用性来分配时隙，因此提高时隙资源的利用效率。DBG 算法比较接近于 LB 算法，尤其在网络负载比较大的情况下，其调用成功率与负载平衡算法产生的调用成功率相差并不大。

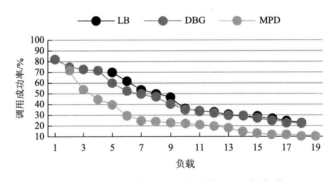

图 10.2　随机拓扑的调用成功率 vs. 网络负载

图 10.3 显示的是随机拓扑网络中三种时隙分配方法在不同网络负载下的端到端的传输延迟。DBG 算法的曲线显示随着网络负载的增加而产生的端到端的传输延迟与 MPD 算法的延迟都比较低，优于 LB 算法产生的延迟，这是因为 DBG 算法尽可能地去选择具有每跳最小延迟的时隙来传输数据，在网络负载较重时有相对比较好的性能。MPD 算法找到的都是最短路径，而没有考虑带宽满足的条件，所以该算法总是具有最低的端到端的传输延迟。

图 10.4 显示的是线性拓扑结构网络中三种时隙分配方法在不同网络负载下的延迟。图 10.4 与图 10.3 的区别是后者的模拟实验是在随机拓扑网络中进行的，而前者是在线性拓扑结构网络中进行的。

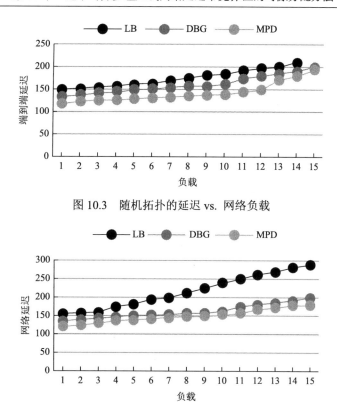

图 10.3 随机拓扑的延迟 vs. 网络负载

图 10.4 线性拓扑的延迟 vs. 网络负载

从图 10.4 中可以看出，在网络负载比较低的情况下，三种时隙分配方法的延迟与图 10.3 中的延迟是相同的，都有比较低的端到端的传输延迟。但是在网络负载比较高的情况下，三种时隙分配方法的延迟都会增加，但 DBG 算法和 MPD 算法中端到端延迟增加的幅度会比随机拓扑网络小一些，而 LB 算法中端到端延迟增加的幅度则比随机拓扑网络更大一些。说明在随机拓扑网络和线性拓扑结构网络中，DBG 算法有与 MPD 算法比较接近的端到端的传输延迟。

图 10.5 显示的是三种时隙分配方法在线性拓扑结构中不同网络负载下的调用成功率。网络负载比较高的情况下，DBG 算法产生的调用成功率下降得并不太明显，接近于 LB 算法产生的调用成功率。因为在路径的跳数比较多时，延迟和空间重用之间的折衷发生得更加频繁。网络负载较重时，DBG 算法的调用成功率与 LB 算法的调用成功率相差不大。

图 10.6 显示的是三种时隙分配方法在线性拓扑结构中不同跳数下的传输延迟，DBG 算法的曲线显示当路径中的跳数增加时总的传输延迟接近于 MPD 方法。这也是因为在路径的跳数比较多时，延迟和空间重用之间的折衷发生得更加频繁。

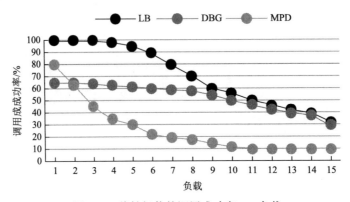

图 10.5　线性拓扑的调用成功率 vs. 负载

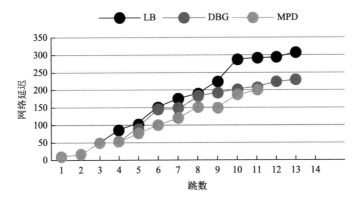

图 10.6　线性拓扑的延迟 vs. 跳数

参 考 文 献

[1] ABRAMSON KINCHY N. The ALOHA system-another alternate for computer communication: A seeds, sciences, proceedings of fall joint computer, Conf, AFIPS Conf. Proc. Nevada, vol. 37, 1970: 281-285.

[2] JUBIN J, TORNOWJ D. The DARPA packet radio networks protocol. Proceeding of IEEE Special Issue on packet radio networks, 1987, 75 (1): 21-32.

[3] NILSON A, CHOU W, GRAFF C J. Packet radio communication system architecture in a mixed traff and dynamic environment. Proceedings of Computer Networking Symposim, 1980: 51-66.

[4] EPHREMIDES A, WIESELTHIER J E, BRAKER D J. A design concept for reliable mobile radio networks with frequency hopping signaling, Proceedings of Computer Networking Symposim, 1978: 56-73.

[5] BRAKER D J. Data/Voice communication over a multihop, mobile, high frequency network. Proceeding of IEEE MILCOM'97, Session 17, Monterey, 1997: 78-89.

[6] JAMES P. HAUSER F. Service model and cell multiplexing for the data and voice intergration advanced technology demonstration. Proceeding of IEEE MILCOM'97, Session 17, Monterey, 1997: 101-115

[7] LEINER B M, RUTH R J, A. R. SASTRY. Goals and challenges of the DARPA glomo program. IEEE Personal Communication, 1996: 34-43.

[8] US Department of Defence. Military stardard-interoperability standard for digital messenge transfer device system. MIL-STD-188- 220B, Jan. 1998.

[9] ITT Industries Aeropace/Communications Divison (IIN A/CD). SINCGARS SIP IP Network System Software Implementation of MIL-STD-188-220A, " 1997.

[10] 何非常, 周吉, 李振帮, 等. 军事通信: 现代战争的神经网络. 北京: 国防工业出版社, 2010.

[11] FINKE S, TPRSC R. Quartly Report: Texas Packet Radio Society, Feb. 1992: 24-27.

[12] JONES, G, KNEZEK G, HATA M. Packet radio prospects for educational data communication. Proceeding of the Ninth International Conference on Technology in Educaton, Paras, France, 1992: 218-219

[13] AGOSTA J, RUSSEL T. CDPA: cellular digital packet standart and technology. McGraw-Hill Computer Communications Series, New York, Sep, 1996.

[14] BUCKINGHAM S. Data on GPRS. Mobile Lifestream, Aug, 1999: 12-17.

[15] ALVARO RETANA, Mobile Ad hoc networks (MANET). https://datatracker.ietf.org/doc/charter-ietf-manet/[2018-4-21]

[16] LE T, GERLA M, Fragmented data routing based on exponentially distributed contacts and Inter-Contact times in DTNs. Elsevier Computer Networks Journal, September. 2019: 11-15.

[17] ZHONG Z, HAAS Z J, KIEBURG M, Secrecy rate of cooperative MIMO in the presence of a location constrained eavesdropper. the IEEE Transactions on Communications, 2018: 121-124.

[18] CHEN Y M, CHENG W C, LI C P, et al. Low-complexity generalized spatial modulation schemes using codebook-assisted MIMO detectors. the IEEE Transactions on Vehicular Technology, September, 2018: 44-47.

[19] PERKINS C, BHAGWAT P. Highly dynamic destination-sequenced distance vector routing for mobile computers. ACM SIGCOMM, 1994: 111-114.

[20] NEKRASOV M, ILAND D, METZGER M, et al. A user-driven free speech application for anonymous and verified online, public group discourse. Journal of Internet Services and Applications, November 2018, 9 (21): 77-79.

[21] NEKRASOV M, ALLEN R, BELDING E, Performance analysis of aerial data collection from outdoor IoT sensor networks using 2.4Ghz 802.15.4. 5th ACM Workshop on Micro Aerial Vehicle Networks, Systems, and Applications (DroNet), Seoul, South Korea, June 2019: 176-177.

[22] ADARSH V, SCHMITT P, BELDING E, MPTCP Performance over heterogeneous subpaths. IEEE ICCCN, Valencia, Spain, July 2019: 189-197.

[23] ABRAMSON N, KUO F, Computer communication networks. Pretice Hall, Englewood Cliffs, NJ, 1973.

[24] KLEINROCK L, TOBAGI F A. Packet switching in radio channels 1. Carrier sense multiple-access model and their throughout-delay characteristics. Proceeding of IEEE Transactions on Communications, 23, December 1975: 12-18.

[25] JOHNSON D B, MALTZ D A, J. BROCH. DSR: the dynamic source routing protocol for multi-hop wireless Ad Hoc networks. Ad Hoc Networking, Chapter 5, Addison-Wesley, 2001: 139-172.

[26] PERKINS C E, ROYER E M, DAS S R. Ad Hoc on-demand distance vector (AODV) routing. http: www.ietf.org/internet-drafts/draft-manet-aodv-10.txt. IETF Internet Draft (work in progress), Jan.2002

[27] PERKINS C E, BHAGWAT P. High dynamic destination-sequenced distance-vector (DSDV) for mobile computers. Computer Communications Revies, 1994: 234-244.

[28] VELKOV Z H, GAVRILOVSKA L. Influence of hidden terminals over the performance of the MAC protocol. IEEE 802.11 wireless LANs. European Wirless, 2009: 159-169.

[29] WARE C, YSOCHI W, CHICHARO J. Hidden terminal jamming problems in IEEE 802.11 mobile Ad Hoc networks. IEEE International Conference on Wireless Networks, 2010 (1): 261-265.

[30] BRADEN R, CLARK D, SHENKER S. Integrated services in the internet architecture: an overview, RFC 1633, 1994: 178-183.

[31] BLAKE S, BLACK D, CARLSON M, et al. An architecture for differentiated services. RFC 2475, 1998: 24-29.

[32] HANNAN X, SEAH W, Lo A, et al. A flexible quality of service model for mobile ad hoc networks. Vehicular Technology Conference Proceedings, Tokyo, Jan, 2010: 445-449.

[33] LEE S B, AHN G S, ZHANG X, et al. Insignia: an IP-based quality of service framework for mobile ad hoc networks. Journal of Parallel and Distributed Computing, April 2005: 374-406.

[34] LIN C R, LIU J S. QoS routing in ad hoc wireless networks, IEEE Journal on Selected areas in communications, 2009: 1426-1438.

[35] CHEN S, NAHRSTEDT K. Distributed quality-of-service routing in ad hoc networks. IEEE Journal on Selected Areas in Communications, 2009: 1488-1505.

[36] LIN C R, LIU J S. QoS routing in ad hoc wireless networks. IEEE Journal on Selected areas in communications, 2009: 1426-1438.

[37] LIN C R. On-demand QoS routing in multihop mobile networks. Proceedings of IEEE INFOCOM, April, 2011: 1735-1744.

[38] ZHANG W, Li J, WANG X. Cost-efficient QoS routing for mobile ad hoc networks. IEEE International Conference on Advanced Information, networking and application, 2011 (2): 13-16.

[39] LIAO W H, TSENG Y C, WANG S L, et al. A multi-path QoS routing protocol in a wireless mobile ad hoc network. IEEE International Conference on Networking, 2011: 158-167.

[40] CHEN Y S, TSENG Y C, SHEU J P, et al. An on-demand, link-state, multi-path QoS routing in wireless mobile ad-hoc network. Computer Communication, Jan, 2012 (27): 27-40.

[41] CHEN Y S, YU Y T. Spiral-multipath QoS routing in a wireless mobile ad hoc network. ICICE Transaction on Communication, Jan, 2012: 104-116.

[42] HUAYI W, XIAOHUA J, YANXIANG H, et al. Multi-path QoS routing in TDMA/CDMA ad hoc wireless networks. Conference on Grid and Cooperative Computing, Oct, 2004: 609-616.

[43] KIM D, MIN C H, S. KIM. On-demand SIR and bandwidth-guaranteed routing in ad hoc mobile networks. IEEE Transaction on Vehicle and Technology, 2004: 1215-1223.

[44] CHEN Y S, KO Y W, LIN L, A lantern-tree based QoS multicast protocol with reliable mechanism for wireless Ad-hoc networks. Proceedings of IEEE ICCCN'02, Miami, FL, USA, October 2002.

[45] 吴华怡. 无线自组网中服务质量约束的路由协议研究. 武汉: 武汉大学, 2011.

[46] LIAO W H, TSENG Y C, SHIH K P. A TDMA-based bandwidth reservation protocol for QoS routing in a wireless mobile ad hoc network. IEEE International Conference on Communications, 2012: 3086-3190.

[47] BADIS H, AGHA K A. QOLSR: QoS routing for ad hoc wireless networks using OLSR. European Transaction on Telecommunications, 2012, 15 (4): 18-24.

[48] JAWHAR I, WU J. A race-free bandwidth reservation protocol for QoS routing in mobile ad hoc networks. Proceedings of the 37th IEEE Annual Hawaii International Conference on System Sciences (HICSS'04). Track 9, IEEE Computer Society, 2010 (9): 128-139.

[49] LIAO W H, TSENG Y C, WANG S L, et al. A multi-path QoS routing protocol in a wireless mobile ad hoc network. IEEE International Conference on Networking, 2011: 158-167.

[50] ZHU C, CORSON M S. A five-phase reservation protocol (FPRP) for mobile ad hoc networks. Annual Joint Conference of the IEEE Computer and Communications Societies, 2008: 322-331.

[51] GERASIMOV I, SIMON R. A bandwidth-reservation mechanism for on-demand ad hoc path finding. IEEE/SCS 42th Annual Simulation Symposium, April, 2009: 27-33.

[52] ZHU C, CORSON M S. QoS routing for mobile ad hoc networks. In Proceedings IEEEE INFOCOM, 2009: 958-967.

[53] GERASIMOV I, SIMON R. Performance analysis for ad hoc QoS routing protocols. Mobility and Wireless Access Workshop, 2012: 87-94.

[54] DHARMARAJU D, CHOWDHURY A R, HOVARESHTI P, et al. INORA-a unified signaling and routing mechanism for QoS support in mobile ad hoc networks. International Conference on Parallel Processing Workshop, 2012: 86-93.

[55] LIN C R. Multimedia transport in multihop wireless networks. Communications, IEEE Proceedings, 145 (5), Oct, 2008: 342-346.

[56] RAJARSHI G, ZHAN J, TEQEA T, et al. Interference-aware Qos roating for Ad-Hoc networks. Globle Telecommunications Conference, 2005 (5): 117-119.

[57] HO Y K, LIU R. On-demand QoS-based routing protocol for ad hoc mobile wireless networks. IEEE Symposium on ISCC 2010, July, 2010: 560-565.

[58] MANOJ B S, MURTHY C S R. Real-time traffic support for ad hoc wireless networks. Networks, ICON on 10th IEEE International Conference, Aug, 2012: 335-340.

[59] LIN C R, GERLA M. A distributed control scheme in multi-hop packet radio networks for voice/data traffic support. Communications, IEEE International Conference, June, 2010: 1238-1242.

[60] LIN H C, FUNG P C. Finding available bandwidth in multihop mobile wireless networks. Vehicular Technology Conference Proceedings, 2010 IEEE, May, 2010: 912-916.

[61] LIN C R. Admission control in time-slotted multihop mobile networks. Selected Areas in Communications, IEEE Journal, October, 2011: 1974-1983.

[62] SHEU S T, SHEU T F. Dbase: a distributed bandwidth allocation/sharing/extension protocol for multimedia over IEEE 802.11 ad hoc wireless LAN. INFOCON 2001, 20th Annual Joint Conference of the IEEE Computer and Communications Societies. Proceedings, April, 2011: 1558-1567.

[63] WANG J, TANG T, DENG S, et al. QoS routing with mobility prediction in manet, communications, computers and signal processing. IEEE Pacific Rim Conference on, Aug, 2011: 357-360.

[64] LOYD E L. Broadcast scheduling for TDMA in wireless multihop networks. Handbook of Wireless Networks and Mobile Computing, 2012: 347-370.

[65] TSAI J, CHEN T, GERLA M. QoS routing performance in multihop, multimedia, wireless networks. In Proceeding of IEEE ICUPC, Coronado San Diego, Oct. 2010: 557-561.

[66] USB/LBNL/VINT network simulators (version 2). http: //www.isi.edu/nsnam/ns, 2018-6-17.

[67] NASIPURI A, DAS S. A multichannel CSMA MAC protocol for multihop wireless networks. In Proceeding of IEEE Wireless Communications and Networking Conference (WCNC), New Orleans, September 2010: 565-570.

[68] LIMIN HU. Topology control for multihop packet radio networks. IEEE Transaction on Communications, Oc. 1993, 41 (10): 1474-1481.

[69] HOU T C, VICTOR LI. Transmission range control in multihop packet radio networks. IEEE Transaction on Communications, Jan. 1986, 34 (1): 38-44.

[70] CHLAMTAC I, PINTER S S. Distributed nodes organization algorithm for channel access in a multihop dynamic radio network. IEEE Trans. Comput., vol. C-36, no. 6, 2007: 728-737.

[71] HOLYER I. The NP-completeness of Edge-coloring. SIAM Journal. Computer. 10, 1981: 718-720.

[72] BORST S C, COFFMAN E G, GILBERT E N, et al. Timeslot allocation in Wireless TDMA, System Engin. 2012 (6): 203-213.

[73] 李媛, 陈莘萌. Ad Hoc 网络中分散链路状态多路 QoS 路由协议. 计算机工程, 2010 (32): 13-16.

[74] LIM G, SHIN K. LEE S, et al. Link stability and route lifetime in Ad-Hoc wireless networks. Proceedings of the International IEEE Conference on Parallel Processing Workshops, August 2012: 116-123.

[75] RAPPAPOR T S. Wireless communications: principles and practice. Pretice-Hall, Upper Saddle River, NJ, 1995.

[76] CHAKRABARTI S, MISHRA S. QoS issures in Ad Hoc wireless networks. IEEE Communications, Feb, 2011: 142-148.

[77] ZHANG B, MOUFTAH H T. QoS routing for wireless Ad Hoc Networks: Problems, Algorithms, and Protocols. IEEE Communications Magazine, October, 2013: 121-129.

[78] SINGH S, WOO M, RAGHAVENDRA C S. Power-aware routing in mobile Ad Hoc networks. IEEE Transactions on Parallel and Distributed System, Nov. 2011, 12 (11): 1122-1133.

[79] HEINZELMAN W R, CHANDRAKASAN A. Energy-efficient communication protocol for wireless microsensor networks. the 33rd Annual Hawaii International Conference on Systems Sciences, Jan, 2000 (8): 3005-3014.

[80] SHEU J P, LAI C W. Power-aware routing for energy conserving and balance in ad hoc networks. IEEE Internal Conference Networking, Sense and Control, 2014: 468-473.

[81] MALEKI M, DANTU K, PEDRAM M. Power-aware source routing protocol for mobile ad hoc networks. ISLPED'02, August 12-14, 2002, California, 2012: 450-458.

[82] YUAN LI, XING LUO. A QoS multicast routing in TDMA-Based manet using directional antennas,

International Conference on Networks Security. Wireless Communications and Trusted Computing (NSWCTC) 2011: 340-349.

[83] YUAN LI, XING LUO. Performance analysis of qoS multicast routing in mobile Ad Hoc networks using directional antennas, International Journal of Computer Network and Information Security (IJCNIS), 2011, 2 (2): 589-586.

[84] JAWHAR I, WU J. Resource scheduling in wireless networks using directional antennas. IEEE Transactions on Parallel and Distributed Systems, 2010: 1240-1253.

[85] BAO L, GARCIA-LUNA-ACEVES J J. Transmission scheduling in Ad Hoc networks with directional antennas. Proc. Eighth Ann.Int'l Conf. Mobile Computing and Networking, Sept, 2012: 48-58.

[86] CHEN Y S, LIN T H, LIN Y W. A hexagonal-tree TDMA-based QoS multicasting protocol for wireless mobile ad hoc networks. Telecommunication Systems, 2007 (35): 1-20.

[87] KE Z, LI L, SUN Q, et al. A QoS multicast routing algorithm for wireless mesh networks, Proceeding of. Eighth Int'l Conf.Software Engineering, Artifical Intelligence, Networking, and Parallel/Distributed Computing, 2007: 835-840.

[88] ZHAO L, Al DUBAI A, MIN G. A QoS aware multicast algorithm for wireless mesh networks. Proceeding of Int'l Symposium on Parallel and Distributed Processing, 2009: 1-8.

[89] HAN K, GUO Q. Reducing multicast redundancy and latency in wireless mesh networks. Proceeding of First Int'l Workshop on Education Technology and Computer Science, 2009 (1): 1075-1079.

[90] DE RANGO, PERROTTA F, OMBRES A. S. A energy evaluation of E-TDMA vs IEEE 802.11 in wireless ad hoc networks. Performance Evaluation of Computer and Telecommunication System, 2010 International Symposium, July 2010: 273-279.

[91] BRATEN L E, VOLDAUG J E, OVSTHUS K. Medium access for a military narrowband wireless ad-hoc network: requirements and initial approaches. Military Communications Conference, 2008, MILCOM 2008 IEEE, 2008, 1 (7): 16-19.

[92] YUHUA YUAN, HUIMIN CHEN, MIN JIA. An optimized ad-hoc on-demand multipath distance vector (AOMDV) Routing Protocol, Communications. Asia-Pacific Conference, Oct. 2010, 5 (5): 569-573.

[93] GORE A D, KARANDIKAR A, JAGABATHULA S. On high spatial reuse link scheduling in STDMA wireless Ad Hoc networks. GlobalTelecommunications Conference, 2007, GLOBECOM'07, IEEE, 2007: 696-741.

[94] DJUKIC P, VALAEE S. Link scheduling for minimum delay in spatial re-use TDMA. 29th IEEE International Conference on Computer Communications, 2010: 28-36.

[95] CHAUDHARY M H, SCHEERS B. Progressive decentralized TDMA based MAC: joint optimization of slot allocation and frame lengths. Millitary Communications Conference, MILCOM 2013 IEEE, 2013: 181-187.

[96] DJUKIC P, VALAEE S. Delay aware link scheduling for multi-hop TDMA wireless networks. Networking IEEE/ACM Transactions, 2009, 17 (3): 870-883.

[97] KANZAKI A, UEMUKAI T, HARA T, et al. Dynamic TDMA slot assignment in ad hoc networks, advanced information networking and applications, 17th International Conference, 2013: 330-335.

[98] SRIRAM S, REDDY T B, MANOJ B S. The influence of QoS routing on the achievable capacity in TDMA-based ad hoc wireless networks. Global Telecommunications Conference, 2014, GLOBECOM, IEEE, 2014 (5): 2909-2913.